JN146658

HANDBOOK OF KIWI FRUIT

育てて楽しむ

キウイフルーツ 栽培・利用加工

Murakami Satoru 村上 覚　*Suezawa Katsuhiko* 末澤克彦　*Nishiyama Ichiro* 西山一朗

創森社

雌樹の開花
（５月中旬）

キウイフルーツの魅力と有用性～序に代えて～

キウイフルーツは、１９７０年（昭和45年）に開催された大阪万博のニュージーランド館で初めて紹介されたといわれております。そして、１９７６年には国内で生産されたキウイフルーツが初出荷され、国産キウイフルーツが誕生しました。

キウイフルーツはビタミンCなどの健康によい成分を豊富に含むこともあり、消費者の健康志向が追い風となって順調に消費量は拡大しています。このように、キウイフルーツはわずか50年ほどで、だれでも知っている身近な果物として定着しました。

＊

キウイフルーツは、雨が比較的多い中国の揚子江流域が原産であることから、同じように雨が多い日本の気候でも栽培しやすい果樹です。病害虫の発生は少なく、ほかの果樹ではむずかしい無農薬栽培も比較的容易におこなうことができます。また、果実は収穫後に追熟しなければ食べることができないので、中山間地で社会問題となっている野生動物による食害が少ないことも栽培上の長所です。

本場ニュージーランドでは、キウイフルーツは家庭園芸でも盛んに栽培されており、一般の方にも身近な存在です。その理由として、生食はもとよりジャムなどの加工の材料にも使え、無農薬でも栽培できることによります。また、白い美しい花には強い香りがあり、鮮やかな緑色の新芽には独特の観賞価値があります。

このように、キウイフルーツは日本の気候に適しているため栽培しやすく、家庭園芸としても魅力的な果樹です。残念ながら、現状では国内のキウイフルーツ生産量は消費量に

成熟期の果実
（10月上旬）

たいして3割程度を占めるだけにとどまっており、家庭園芸で栽培されている方もそれほど多くはありません。

その理由として、栽培を始めるにあたり、果樹棚や貯蔵庫などの施設が必要であり、さらに安定的に結実させるには受粉作業、おいしく食べるためには追熟処理などが、初めての方にとっては高いハードルとなっていることが考えられます。しかし、これらの問題には品種の選択や工夫しだいで解決できるものもあります。

＊

本書では、キウイフルーツの生態や品種、生育と栽培管理、貯蔵、追熟に加えて、栄養成分から加工法にまでふれています。キウイフルーツは、まだ栽培の歴史が浅いために、品種の育成はもとより、栽培技術に関しても発展途上のところはありますが、極力新しい情報を盛り込むようにしました。

本格的に栽培しようとする方はもちろん、家庭園芸で楽しみたい方、加工に取り組んでみたい方、キウイフルーツに興味のあるさまざまな方々にまで読んでいただき、キウイフルーツのさらなる普及と発展に少しでも役だつのなら幸いです。

本書の執筆にあたり、企画していただいた創森社の相場博也氏をはじめとする編集関係のみなさんには格別のご支援をいただきました。また、香川大学農学部の片岡郁雄教授、福岡県、神奈川県など各方面から貴重な写真をご提供、ご協力いただきました。この場を借りて併せて厚く御礼申し上げます。

２０１８年　新梢伸びる陽春に

著者を代表して　村上 覚

〈育てて楽しむ〉キウイフルーツ～栽培・利用加工～◎もくじ

第2章 キウイフルーツの栽培と貯蔵・追熟 35

第3章 キウイフルーツの成分と利用・加工

●MEMO●

◆本書の栽培は東日本、西日本の温暖地を基準にしています。生育は品種、地域、気候、栽培管理法によって違ってきます。

◆果樹園芸の専門用語、英字略語については、初出用語下の（ ）内などで解説しています。

◆本書の執筆は、主として第１章を末澤克彦、第２章を村上覚、第３章を西山一朗の各氏が分担しています。

◆本書掲載の組織名（企業、団体など）は、必要に応じて巻末インフォメーションで連絡先を紹介しています。

果実のモニュメント
（JR東海道本線富士川駅前）

紅妃の成熟果（10月上旬）

レインボーレッドのジャム

ニュージーランドの収穫

第1章

キウイフルーツの魅力と生態・種類

開花期間はおおむね３～４日ほど

キウイフルーツの奇跡と醍醐味

キウイフルーツの奇跡

キリストの血とも称されるブドウ酒、大航海時代を支え後にビタミンC供給源として知られる柑橘、ニュートンのリンゴ、孫悟空の物語に出てくる仙果の桃……人はその歴史のなかで野生の実のなる樹を栽培化し、さまざまなかたちで利用してきました。果樹は人類史の大切な一翼を担ってきた植物です。

　さて、キウイフルーツですが人との古い歴史がありながら、もっとも新しく栽培化、産業化され、かつもっとも急速に栽培面積を増やしている果物です。最初に経済栽培が開始されたニュージーランドでも実質のスタートは１９６０年代初頭。日本には大阪万博のニュージーランド館で紹介されたのが最初とのことです。

　日本においては１９７０年代後半に導入され、１９８０年代に柑橘園地の転換作物として急速に面積を増やしました。

　現在では国産・輸入の果実を合わせると、カキやモモの消費金額を上回り、ナシに肉薄しています。この急成長は世界的で、栽培と消費の急速な伸びは「キウイフルーツの奇跡」と呼ばれています。

果肉色と栄養機能性

キウイフルーツの主力品種であるヘイワードは、エメラルドグリーンの果肉色が特徴です。緑色は、ほかの果実にあまり見られない色です。果物としてそのまま食べるだけでなく、サラダやスイーツなど緑色を生かした多様な利用が普及しました。

　さらに、近年ではさまざまな栄養機能性があることが判明し、人の健

果肉の色は緑色系と黄色・赤色系

康維持に役だつ大切な果物としての理解が進みました。また、品種開発が進み、緑色だけでなく黄色や赤色など鮮やかな果肉色の果実が育種、栽培され、より魅力がアップしています。

たわわに結実しているヘイワード優良園

図１－１　国内主要都市における国産および輸入キウイフルーツの月別卸売数量（t）

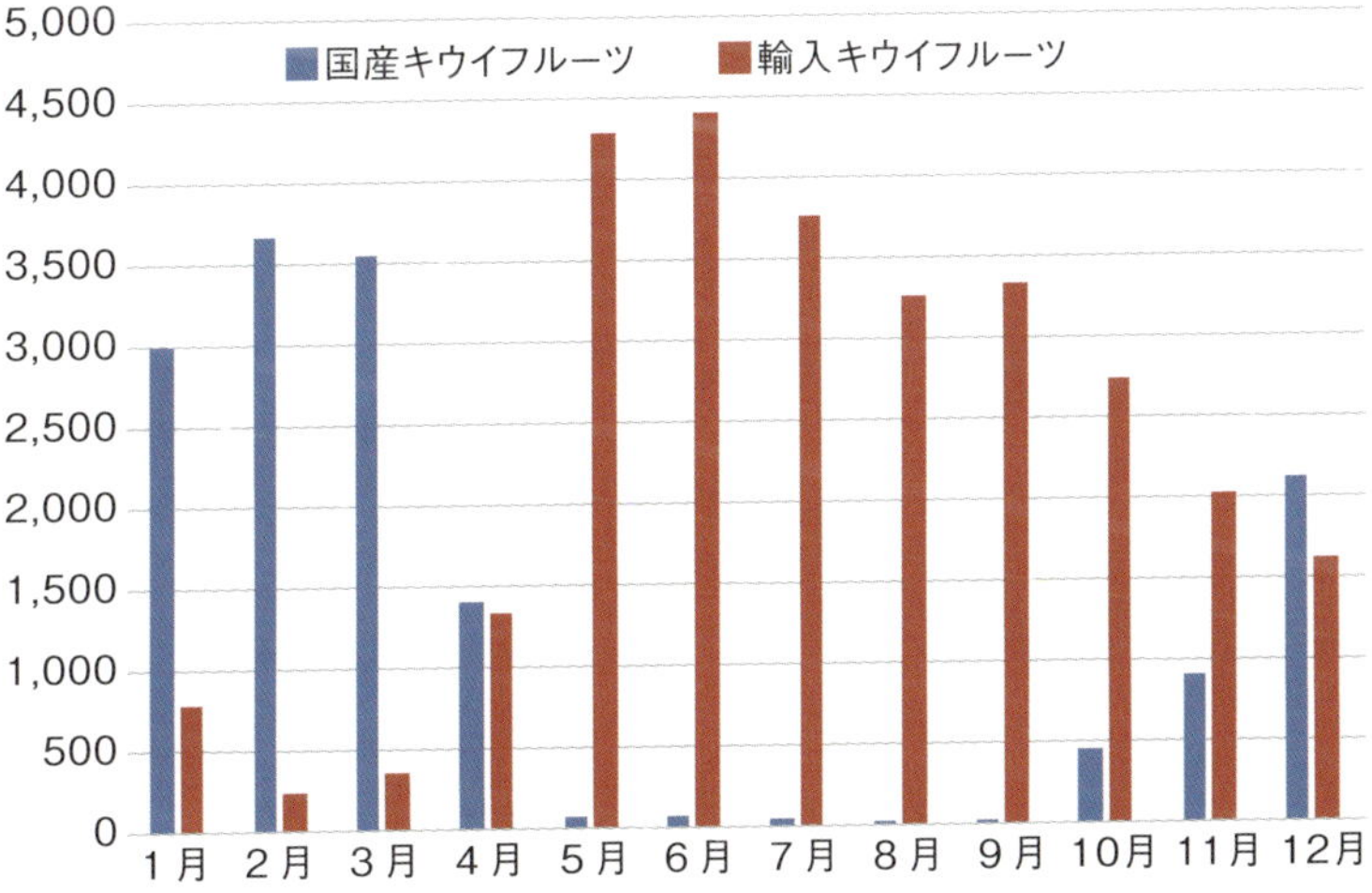

出所：農林水産省「青果物卸売市場調査報告」主要都市の月別果実の卸売数量（2012 年）

グローバルフルーツ

日本においてキウイフルーツは、1年を通して市場に供給されています。切れることがありません。

日本の春、南半球に位置するニュージーランドやチリでは秋を迎えます。そこで収穫されたキウイフルーツは低温貯蔵され、そのあと半年間、消費量に応じて計画的に出荷されます（**図１・１**）。

日本の秋は国産ものの収穫時期です。日本でも低温貯蔵され、消費量に応じて計画的に出荷されます。店頭の果実が1年を通して安定した品質、価格で供給される理由はグローバルな流通体系にあります。

適切な追熟で消費安定

キウイフルーツの果実は、追熟が必要。収穫直後の果実は硬く、果肉にはデンプンが含まれています。

この果実は貯蔵し追熟されることで軟らかく、デンプンは糖化し甘くなります。このことが栽培化された初期にはじゅうぶんに理解されず、酸っぱく硬い果実が多く流通し、日本の市場で好まれない果実の上位にランクされたこともありました。

しかし、追熟が適切におこなわれるようになり、店頭には食べごろのおいしい果実が置かれるようになりました。

現在は果実の味や熟度に大きなばらつきがなくなり、おいしい果実が安定して供給されるようになり、その結果、消費は安定した拡大基調となっています。

売り場に並べられた果実

手入れの行き届いた園地

庭先果樹としてもむく

キウイフルーツは、一部の病気を除き致命的な問題となる虫や病気が少なく、庭先果樹にむいています。

一部の病気とは、かいよう病のことで、近年キウイフルーツ産地に発生し、防除が重要になっています。

つる性の性質ゆえに棚が必要ですが、あとは水はけのよい土と適当な灌水さえおこなえば防除に困ることはありません。

また、雌雄が異株であることから交配は必要ですが、近年は雌雄セットで販売されることも多くなってきています。日本における経済栽培の主力は西南暖地ですが、冬の寒さにはかなり耐えることができ、モモが栽培されている地域ではふつうに栽培できます。

果樹としてのキウイフルーツ

マタタビの仲間

キウイフルーツは、マタタビ科の植物です。代表的なマタタビ科植物を紹介します。

マタタビ

学名*Actinidia polygama*。日本の山野に広く自生するマタタビは、成熟するとオレンジ色になる10g程度の無毛の果実です。食味はスパイシーな味ですが、おいしい果実ではありません。幼果に昆虫が産卵し、コブ状となった果実は漢方薬の「木天蓼」として珍重されています。

マタタビは強壮剤として、食べるとまた旅に出られる、から「またたび」と呼称されるとの説もあります。「猫にまたたび」のことわざどおり、マタタビにはマタタビラクトンという成分があり、これが猫を酩酊状態にさせます。残念ながらキウイフルーツではそうなりません。

サルナシ

学名*Actinidia arguta*。サルナシは、果皮が緑色のミニキウイといったところ。北日本ではコクワとも呼ばれています。

四国徳島の祖谷地方の観光資源であるかずら橋は、標高の高い山野に自生するサルナシ（現地ではナシカ

マタタビ（左は未熟果、右は成熟果）

サルナシの収穫果

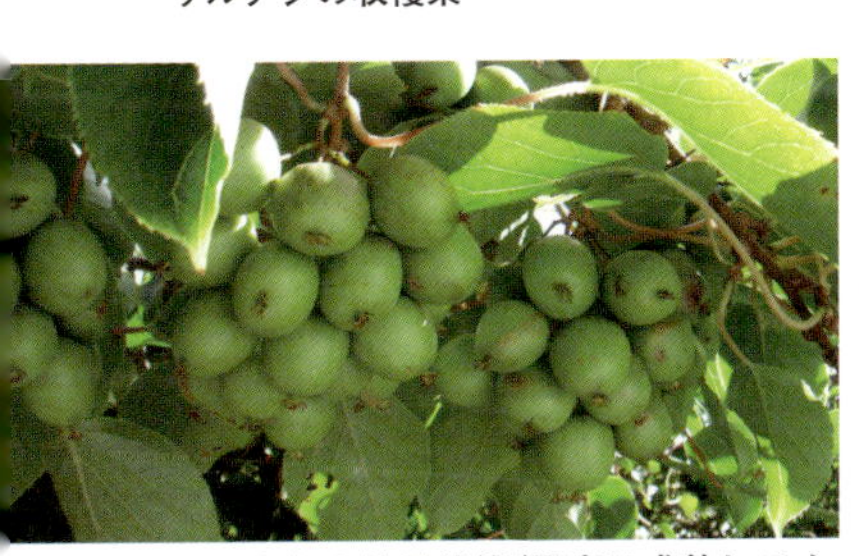

サルナシの結果状態（果実は成熟しても緑色のまま）

長寿郎はサルナシの果実

ズラと呼ばれる）のつるを利用したものです。多くのビタミンCを含む高糖度の果実は、世界でも近年、急速に生産が増加しています。

祖谷のかずら橋は、サルナシのつるでできている

シマサルナシの果実

シマサルナシ

学名*Actinidia rufa*。シマサルナシは、日本近辺に自生し褐色の10g程度の小果をつける系統です。

主な分布は和歌山～九州、沖縄、一部台湾の海岸沿いです。山口県熊毛郡上関町（かみのせきちょう）の祝島（いわいしま）ではこのシマサルナシをコッコーと呼び、徐福が求めた仙果である、との言い伝えもあります（参考URL http：//www.iwaishima.jp/jofuku/）。

巻きついて伸びるキウイフルーツ

キウイフルーツ

学名*Actinidia chinensis*。キウイフルーツは『牧野新日本植物圖鑑』ではオニマタタビとして記述されています。原産は中国。店頭でふつうに見かける緑色や黄色の果肉のキウイフルーツは、すべてこの仲間です。キウイフルーツはサルナシやシマサルナシとは種が異なるものの、交配可能で雑種ができる組み合わせもあります。

つる性で雌雄異株

キウイフルーツはつるを伸ばし、ほかの植物などに巻きついて生育します。

果樹ではブドウが同じくつる性ですが、巻きひげがあり、この「ひげ」でほかの植物などに取りつくのにたいし、キウイフルーツはアサガオのように枝そのものが巻きつきます。つる性であるがゆえに、栽培には棚が必要になります。

　キウイフルーツには雌雄があります。雄の樹は雄花だけ、雌株は雌花だけしか咲きません。雌花は雄花と交配することにより、子房が発達して果実を結びます。栽培的には交配が必要となります。

　キウイフルーツの葉は、寒さにあうと落葉します。ミカンのような常緑果樹ではなく、カキやモモのような落葉果樹の仲間です。したがって、かなりの冬の寒さに耐えることができます。日本のキウイフルーツ経済栽培は福島県あたりが限界かもしれませんが、庭先果樹の場合ならより北の地域でも越冬することは可能でしょう。

原産・来歴と日本での普及

種のほとんどは中国に

　キウイフルーツは学名を*Actinidia chinensis*と称します。*chinensis*は「China＝中国の」という意味です。世界に現存する*Actinidia*に分類される種の大半は中国に存在します。

中国揚子江中流域のキウイフルーツ原生地

　中国名は古くは獼猴桃（ミーホータオ）、あるいは楊桃（ヤンタオ）などと呼ばれていました。獼猴桃とは猿に似た桃の意味です。ちなみに中国語の獼猴はアカゲザルの意味とのことです。

　英名はチャイニーズグーズベリー。やはり中国の果実との名称です。なぜこの果実がキウイフルーツと呼ばれるようになったのか？　その歴史を簡単に紹介します。

ニュージーランドへ導入

　１９００年代初頭にチャイニーズグーズベリーの種子がニュージーランドに導入され、その後多くの実生（みしょう）個体が育成されました。１９２４年にオークランドの園芸家へイワード

＝ライト氏が、大玉で貯蔵力のある実生個体を選抜しました。これが現在のキウイフルーツの主力品種ヘイワードです。

１９３０年代には経済栽培が開始され、１９５２年にはイギリスへ輸出されるようにまでなりました。１９５９年、ニュージーランドの輸出業者はアメリカに輸出するこの果実に、メロンとベリーが合わさったような食味をイメージして、メロネッテ（melonette）という名前をつけたそうです。

しかし、当時アメリカはメロンなどに高い関税をかけていたことから、輸入業者は誤解されにくくわかりやすい、ほかの名前を求めました。輸出業者は案を再度考え、結局ニュージーランド人のシンボル的名称であるキウイや飛べない鳥キウイバードにちなみ、キウイフルーツと名づけました。

世界でもっともよく知られる品種ヘイワード

1980年代から日本で普及

さて、キウイフルーツの日本への紹介は１９７０年の大阪万博のニュージーランド館が初お目見えと先に述べましたが、しかし本格的な普及は１９８０年代になってからです。

世界各地へ出荷されるニュージーランド産のケース入り果実

過剰生産に苦しむ西南暖地のミカン農家の転換作物として導入が進みました。ミカンは乾燥を好む作物、逆にキウイフルーツは多少日陰でもまた乾燥しにくい土地でもじゅうぶん育つとのことで、ミカンの品質が上がりにくい土地にキウイフルーツを植栽し、収益性が低下していたミカン農家の経営改善対策として栽培が急拡大しました。

また、キウイフルーツの交配作業、剪定作業などが主力のミカン栽培のピークと重なりにくいということも導入が進んだ重要な条件であったともいえます。このように日本でのキウイフルーツの栽培はほとんどが柑橘産地と重なります。

主産国の栽培動向

キウイフルーツ＝ニュージーランドとのイメージは日本での輸入品供給がほぼニュージーランド産で占められている現状がその理由ですが、世界の現状は大きく異なります。

まず、中国が全世界の半分の量を生産しています。圧倒的ボリュームです。ヨーロッパではイタリアの生産はすでにニュージーランドを超えています。フランス、ポルトガルも生産を増やしています。トルコやイスラエル、南アフリカなどでも生産は増加しています（図１・２）。

キウイフルーツ産業では遺伝資源の大半を保有し、かつ圧倒的なボリュームの生産量の中国の動向が全世界に影響を与える状態となっています。

イタリアのキウイフルーツ園。ネット栽培で風・雹害防止

中国湖北省の広大なキウイフルーツ新植地

ニュージーランドの広々としたキウイフルーツ園

図１－２　世界および主産国のキウイ栽培状況

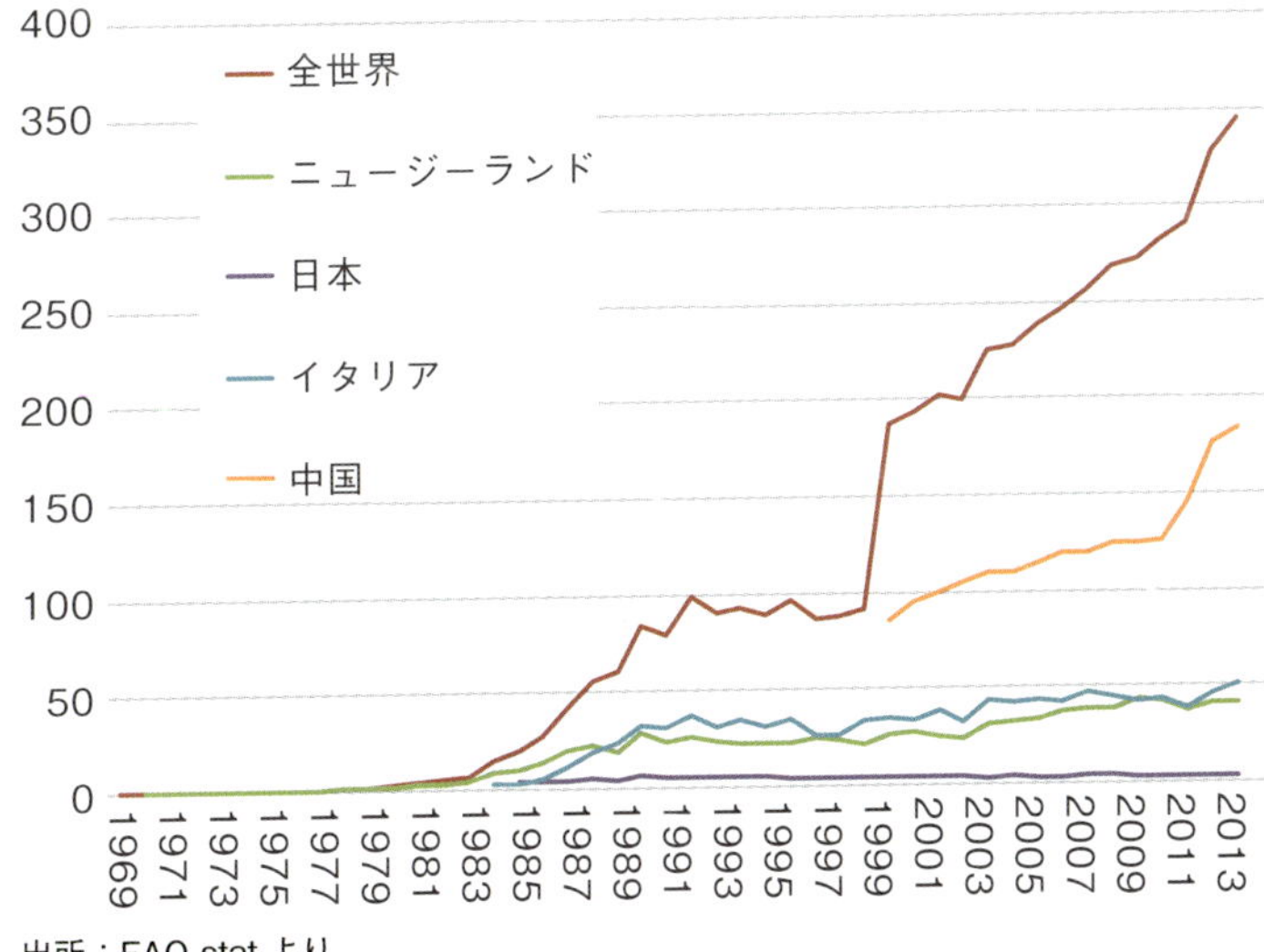

出所：FAO stat より

雌雄異株で雌花と雄花がある

雄樹と雌樹の特性

キウイフルーツは雌雄異株であることは、前述したとおりです。

雄樹は花粉のある花をつけますが、果実は結びません。着果負担がないぶん、樹勢は強く夏には徒長的に枝が伸び、樹勢は強くなります。

雌樹は発達した子房を持つ花がつき、雄樹からの花粉が交配されると種子が形成され、子房が発達し果実をつけます。着果することから樹勢は雄樹より弱りやすく、枝の伸びも抑制されやすくなります。

発芽後、花蕾が出はじめる

つぼみが咲きはじめる

花蕾の着生

キウイフルーツの花蕾（からい）は春に発芽し、伸びている新しい枝＝新梢の基部につきます。

充実がよい前年の枝（結果母枝）から発生する新梢には基部に近いところで5節から6節もの花がつくことがあります。逆に前年に早期落葉させた、着果過多となった、あるいは日陰で充実が悪い結果母枝から発生した新梢には花蕾が着生しないこともあります。

花蕾は節ごとに中心花が一つ着生します。充実がよければその両側あるいは片側に側花がつきます。中心花は大きく、側花はやや小さいのがふつうです。基本的に交配は中心花のみにおこない、側花は開花前に摘（てき）蕾（らい）します。

花粉の発芽能力

雄花は写真のように数多くの花糸の先端に花粉を持った葯があります。この葯のなかには無数の発芽能力を持った花粉が入っています。子房は小さく、柱頭はありません。

雌花は子房が大きく、花の中心に放射状に広がる柱頭があります。加えて花糸（かし）があり、葯がありますが、この葯のなかには発芽能力のある花粉はありません（図1－3）。

雄雌どちらの花も蜜線はなく、蜜は分泌しません。

開花期間と受粉

開花期間は品種によって大きく異なります。

レインボーレッドやHort16Aなど染色体が2X（2倍体）品種は西南暖地では4月下旬～5月初旬、さぬきゴールドや東京ゴールド、魁蜜（かいみつ）、廬山香（ろざんこう）、ニュージーランドのZESY002

雄花と雌花

満開時の雄花

満開時の雌花

図1－3　花の構造（縦断面）

雌花

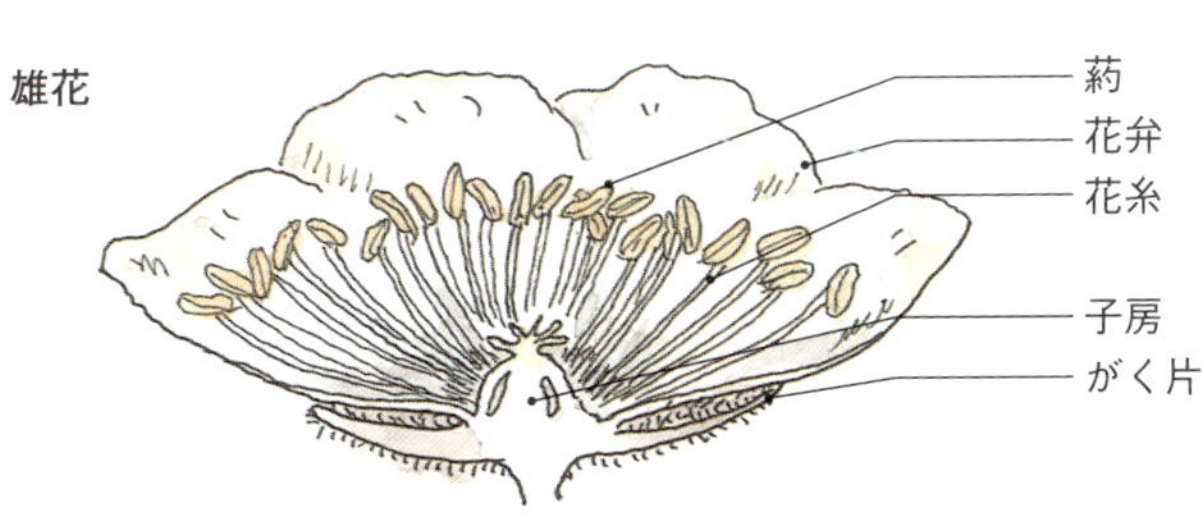

雄花

注：「Kiwifruit Science and Management」
I.J.Warrington ほか著などをもとに作成

落弁直後の状態

（商品名サンゴールド）など染色体が4X（4倍体）品種は5月上旬・中旬、ヘイワードや香緑など染色体が6X（6倍体）品種は5月中旬から下旬にかけて開花します。一花の開花期間はおおむね3～4日程度です。

近年、受粉がいらない両性の品種が紹介されることがあります。筆者が知るかぎり、その多くは人工受粉をおこなっていないものの意図せずともミツバチなどが訪花し、受粉がおこなわれた結果、着果が得られたものが多く、つぼみに袋をかけて完全に交配を遮断すると着果するものは多くありません。

ただ研究レベルでは、ニュージーランドではフルーティングメール（果実を着生する雄品種）が選抜中です。

キウイフルーツの果実の形状・構造

一つの果実に多くの種子数

雄花の花粉が雌花の柱頭に着生し、受精がおこなわれたら子房が肥大し、やがて果実になります。キウイフルーツの果実の特徴は、一つの果実に多くの種子が含まれていることでしょう。

子房がふくらみはじめる

店頭でふつうに売られている果肉が緑色の果実ヘイワードであれば、おおむね120g程度の標準的な大きさの果実で1000粒以上の種子が含まれています。

黄色の品種サンゴールドなら600粒くらいでしょうか。いずれにしても多い数です。モモは核のなかに種子が1個、ブドウなら多くても3～4粒。カキやリンゴで最高8個程度ですから、1000粒は圧倒的に多いといえます。

一つの花粉が受精すれば一つの種子ができますから、一つの果実の種子を正常に生育させるためには数千粒以上の花粉が柱頭につく必要があることになります。種子が多いほど果実の養分集積能力が高まるため、大きい果実ほど種子が多い傾向があります。

果実の形状と構造

果実の形状と構造を**図1・4**に示します。赤道部横断面の中心の白い部分が維管束です。種子に栄養を運ぶ「へその緒」の役割をします。その周辺の子室内に種子が形成されます。赤い果肉の品種はここが赤くなります。種子の外側、果皮の内側が外果皮です。

サンゴールド（左）よりヘイワードのほうが種子が多い

図1－4　果実の構造（縦断面と横断面）

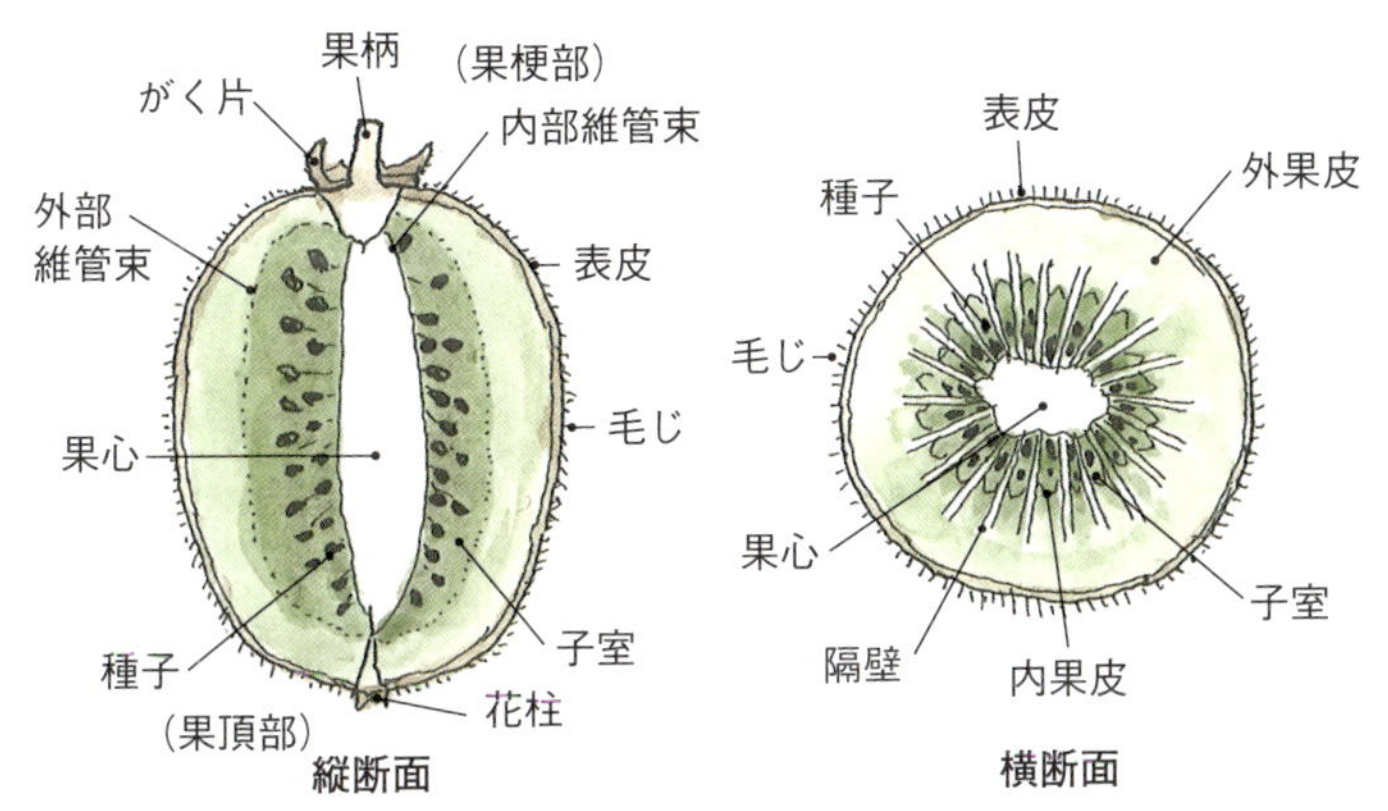

果実の肥大は、ダブルシグモイドと呼ばれる2重S字状曲線で表されます。交配直後から1か月程度で急速に肥大をするのが特徴です。夏季は肥大が停滞します。この時期は種子が充実する時期で、光合成産物の大半が種子の成熟に使われます。秋には果実が太ります。すなわち

赤い果肉の品種の横断面中心部

横肥大が顕著になります。この時期には、光合成産物が果肉細胞内にデンプンのかたちで集積します。収穫直後の硬い果実をすりおろすと、果汁中にはジャガイモと同様、デンプンが観察されます。

果実はエチレンガス、あるいは低温貯蔵中に果肉内部のデンプンが糖分に分解され、甘く感じられるようになります。この現象を追熟と呼びます。

追熟によりデンプンが糖に変化する果物は西洋梨、バナナなどがあります。

果皮の色と熟しぐあい

キウイフルーツの外観は、茶色い毛むくじゃらで、けっして美しいとはいえません。多くの果実は成熟につれて果皮の色が変化します。

たとえば、ミカンは緑色からオレンジ色に変化します。リンゴやモモは品種固有の赤やピンク、黄色などに美しく変化します。バナナも追熟後、緑色が黄色に変化します。

しかし、キウイフルーツは収穫期を迎えようが、追熟が進もうが、茶色いままです。ここに収穫適期の把握や追熟完了後の食べごろが見分けにくい問題の根源があります。そっと触ってみないと食べごろがわからないのです。

そこで最近、硬さを非破壊で測定する機械が開発されるようになりました。近年、市販の果実は追熟をそろえる技術が進展し、硬すぎる、あるいは軟らかすぎるという問題はほとんど消費者段階では顕在化せず、かなり解決されてきたといえます。

毛むくじゃらの外観も、新しく市場に投入された品種は短い産毛（うぶげ）がある程度で、ずいぶんすっきりとした雰囲気に変わってきました。

毛じの状態

ヘイワードの果実表面

サンゴールドの果実表面

キウイフルーツの枝・葉・根の形状

枝の種類と名称

キウイフルーツの枝は、花蕾がつき果実を結ぶことができる結果枝と側枝や主枝などから突発的に発生する突発枝に分けられます。結果枝は長さによって短果枝、中果枝、長果枝と呼ばれます（図1-5）。キウイの特徴である巻きつき（回旋性）は長い枝でその性質が強く出ます。

突発枝はまれに花蕾がつくこともありますが、多くは花芽を持たず徒長的に生育します。

キウイフルーツ樹は不定芽からの枝の発生が容易で、突発枝は主枝や主幹など樹の古い場所からでも発生します。この枝をどう制御するか、がキウイフルーツ栽培の一つの勘どころでもあります。

図1－5　キウイフルーツの結果習性

1年目
結果母枝
結果枝
剪定位置
果実
2年目
前年の結果跡
中果枝
果実
長果枝
短果枝

出所：『果樹栽培の基礎』杉浦明編著（農文協）

手入れの行き届いたキウイフルーツ園（ニュージーランド）

葉の特徴と葉焼け

ヘイワードなど6倍体の品種は葉が大きく、硬く脆（もろ）い性質があり、「紙状」と表現されます。裏面は密生する毛じに覆われます。レインボーレッド、さぬきゴールド、東京ゴールドなど2倍体、4倍体の品種は軟らかく、粘りがあり「革状」と表現されます。毛じは6倍体種群よりも短くビロード状に密生します。

葉裏の状態

ヘイワード

レインボーレッド

シマサルナシ

葉の形状（左・ヘイワード、右・レインボーレッド、下・シマサルナシ）

キウイフルーツは、水ストレスを受けると葉焼けをおこしやすい性質があります。水分の蒸散（じょうさん）抑制能力が低く水ストレスを受けても気孔が閉鎖しにくい、という特性がその原因です。植物はふつう夜間には気孔を閉じるのですが、キウイフルーツはきっちりとは閉じません。夜間も蒸散が止まりません。

根の状態と発達

キウイの根は、土壌の性質に深く影響を受けます。排水性がよく腐食の多い土では、細根がよく発達します。ニュージーランドの排水のよい火山灰土壌では、地下数mまで根系が発達しているという事例も報告されています。

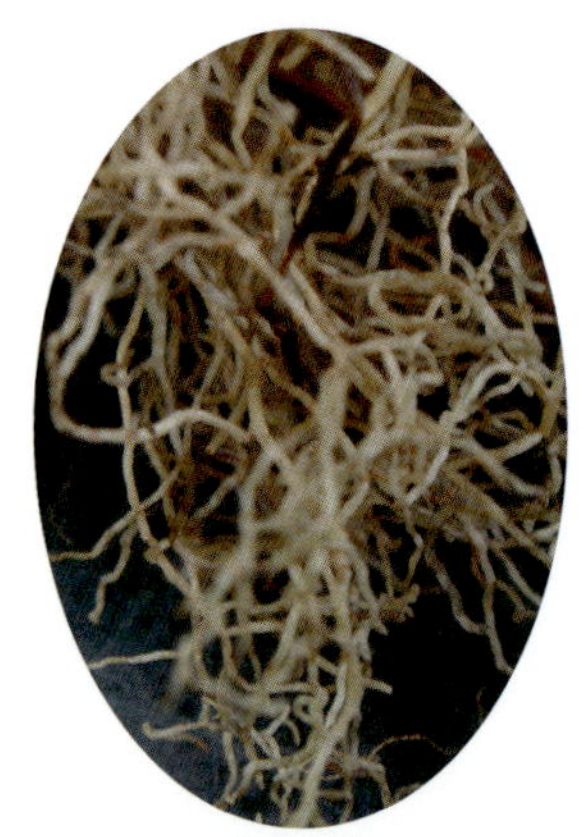
根の状態

しかし、湛水（たんすい）状態に置かれると根の給水能力は短時間で失われます。日本では、梅雨あるいは台風による大量降雨で湛水状態となり根の給水能力が低下したのに、その後の高温乾燥で葉は蒸散抑制できないがゆえに葉焼けがおきる、という現象が頻繁におこっています。

キウイフルーツの系統と種類・特徴

代表的な系統

キウイフルーツの系統を再度整理分類します。

現在のキウイフルーツは学名では*Actinidia chinensis var.deliciosa*および*Actinidia chinensis var.chinensis*に分類されます（Huang, Hong-wen著.Kiwifruit：The Genus ACTINIDIA（p.iv）.2016.Elsevier Science.）。

黄色・赤色系と緑色系品種の果実横断面

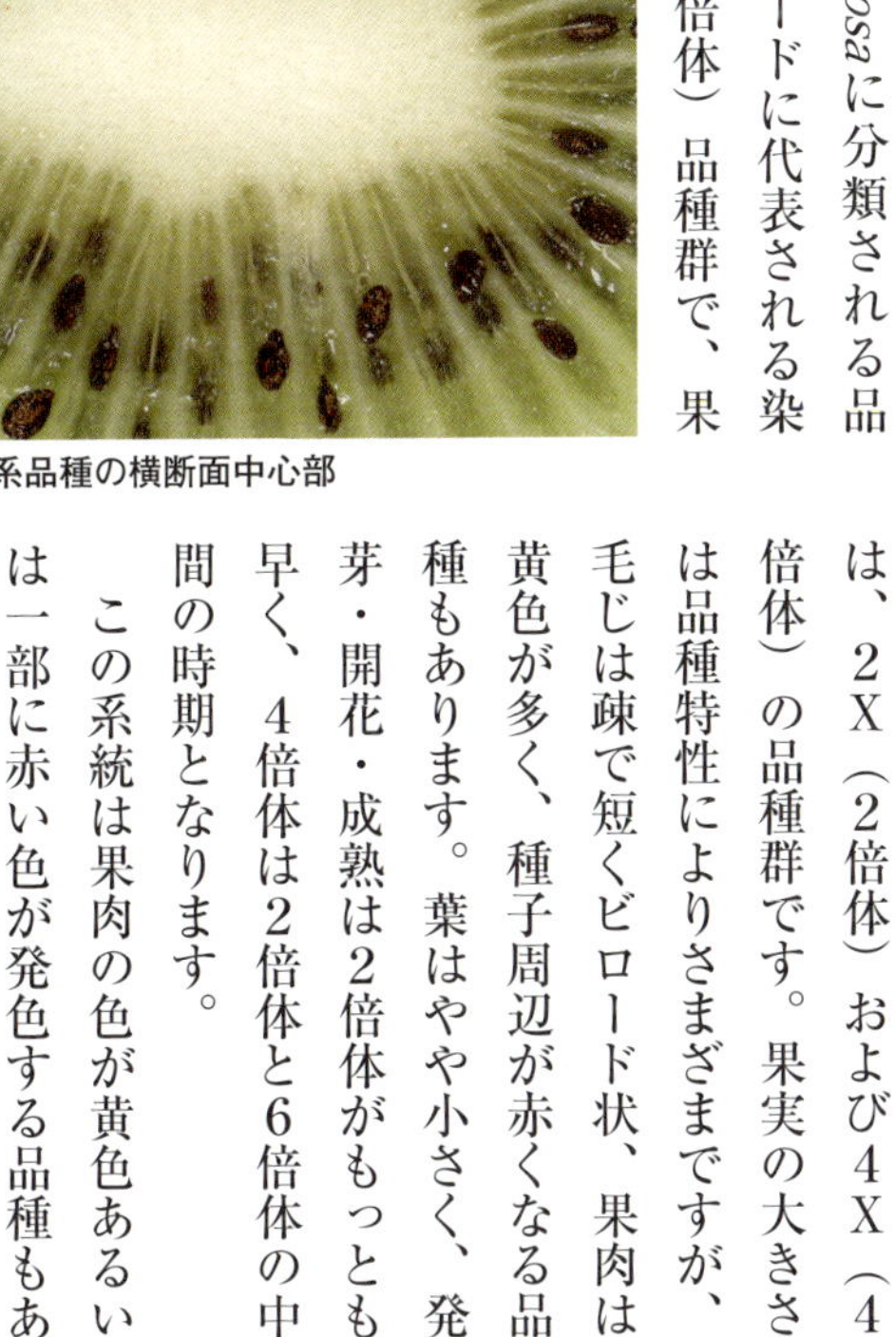

緑色系品種の横断面中心部

緑色系品種

この*var.deliciosa*に分類される品種群は、ヘイワードに代表される染色体が6X（6倍体）品種群で、果実は大きく、毛じが密生、果肉は緑色、枝は太く葉は大型で、発芽・開花・成熟はもっとも遅くなります。

この種類は果肉が緑色を呈することが多いことから、一般的に緑色系品種と呼ばれます。

黄色・赤色系品種

*var.chinensis*に分類される品種群は、2X（2倍体）および4X（4倍体）の品種群です。果実の大きさは品種特性によりさまざまですが、毛じは疎で短くビロード状、果肉は黄色が多く、種子周辺が赤くなる品種もあります。葉はやや小さく、発芽・開花・成熟は2倍体がもっとも早く、4倍体は2倍体と6倍体の中間の時期となります。

この系統は果肉の色が黄色あるいは一部に赤い色が発色する品種もあることから、一般的に黄色・赤色系品種といわれます。

キウイフルーツの倍数性

植物も動物も遺伝子は染色体という塊（かたまり）になり、種ごとに決まった数の染色体があります。これを遺伝学では2X（2倍体）と表現します。生殖細胞はその数が半分（Xと表現）になり、受精により染色体を母方と父方から同じ数ずつもらい、子どもは元の数（2X）に戻ります。

ところが、植物は突然変異などでこのセットが4X（4倍体）になることがまれにあるのです。染色体数が倍になると果実が大きくなったり樹勢が強くなったりすることがあります。人間はこれを見つけ、接（つ）ぎ木などで増やしています。

6X（6倍体）はこのセットが3倍に増えた個体です。4倍体の個体と2倍体の個体が交配し、3Xの個体ができ、倍化して6Xとなったものと推察されています。キウイフルーツは2X、4X、6Xの三つの染色体のグループが一般的です。またサルナシでも4X、6Xなどさまざまな系統の個体が見られます。

主な品種と特徴

表1・1にキウイフルーツの代表的な品種系統を示します。

果肉色	糖度	酸%	追熟の難易	貯蔵性
緑白	14.5	0.8～1	難	長
濃緑	16.8	0.4～0.6	中	中
黄	17～19	0.6～0.8	中	中
濃黄	16.6	0.43	易	短
黄	14～16	0.4～0.6	–	–
黄緑	18.1	0.44	中	中
黄緑（内果皮：赤褐）	18.2	0.42	やや易	やや難
黄緑（内果皮：赤褐）	18.8	0.49	易	短
薄黄～黄	16～18	1.1	中	短～中
薄黄～黄	16	1.28	中	中
黄	14	0.4	中	中
黄	16-17	0.4～0.6	中	中
緑	20.9	0.45	易	短
黄緑～黄	18.3	0.26	易	短
–	–	–	–	–
–	–	–	–	–
–	–	–	–	–
–	–	–	–	–
–	–	–	–	–

表1－1　主なキウイフルーツの品種と特性

品種名	倍数性	来歴・交配親、育成者、育成地など	満開日	果皮色	毛じの密度	果重g
ヘイワード	6X	自然交雑実生、ニュージーランド（以下NZと略）ヘイワード＝ライト育成	5月21日	褐色	密	116
香　緑	6X	ヘイワードの偶発実生、香川県	5月21日	褐色	極密	122
ZESY002（別名：G3）（商品名はサンゴールド）	4X	金豊、魁蜜を親に持つ系統間の交雑後代。NZ Plant＆Food Research育成	5月中旬	黄褐	粗	120～150
さぬきゴールド	4X	魁蜜（アップル系キウイ）×中国系キウイ。香川県育成	5月12日	褐色	粗	196
東京ゴールド	4X	中国系。生産者の圃場で偶然に発見。東京都農業試験場果樹圃場で譲り受け、栽培	5月中旬	黒褐	極粗	90～120
甘うぃ	4X	「ゴールデンキング（廬山香）」の自然交雑実生、福岡県育成	5月12日	褐色	粗	141
さぬきエンジェルスイート	4X	中国から導入された系統79－1－2－141×中国系キウイ。香川県育成	5月10日	黒褐	極粗	117
レインボーレッド	2X	中国から導入された苗木から選抜された系統。	5月3日	緑褐色	無または極粗	86
静岡ゴールド	2X	レインボーレッドの実生から選抜されて育成。静岡県育成	4月中旬	褐色	無または極粗	60～80
片浦イエロー	4X	魁蜜×中国産キウイフルーツ。神奈川県育成	5月中旬	褐色	粗	100
魁　蜜	4X	中国から導入された系統	5月中旬	褐色	粗	120～150
Hort16A（商品名はゼスプリゴールド）	2X	育成者所有の育成系統どうしを交配して育成。NZ DSIR育成	5月初旬	暗褐	粗	90～110
香川UP－キ1号（1号から5号を一括して「さぬきキウイっこ」として商標登録）	2X	シマサルナシ×中国系キウイ。香川県と香川大学の共同育種	5月7日	褐色	無または極粗	44
香川UP－キ5号	2X	シマサルナシ×中国系キウイ。香川県と香川大学の共同育種	5月6日	褐色	無または極粗	50
マツア（雄品種）	6X	NZテ・プケ地域において生産者が持つ雄品種から選抜・命名	5月18日	－	－	－
トムリ（雄品種）	6X	NZテ・プケ地域において生産者が持つ雄品種から選抜・命名	5月19日	－	－	－
さぬき花粉力（雄品種）	4X	魁蜜（アップル系キウイ）×中国系キウイ。香川県育成	5月10日	－	－	－
にじ太郎	2X	レインボーレッドの実生から選抜されて育成。静岡県育成	4月下旬	－	－	－
極早生オス	2X	民間の種苗会社にて育成、販売	4月下旬	－	－	－

注：①表中の数字は香川県農業試験場府中果樹研究所においての調査結果（2007～2017年の平均）
②甘うぃは福岡県園芸試験場平成23年度成果情報引用
③ ZESY002、Hort16Aは農林水産省登録品種データベースを引用

ヘイワード

ヘイワードは世界の中心的品種

大ぶりで甘みと酸味のバランスがよい

ヘイワード

今も世界のキウイフルーツの中心的品種です。

果実は大きく、低温貯蔵でおおむね6か月は貯蔵できます。この貯蔵性のよさがキウイフルーツ産業を北半球と南半球がおたがいに市場をシェアしながら共存する国際流通商品、国別生産分業体制構築のきっかけとなったといえます。日本は梅雨や台風の雨、夏の高温乾燥とキウイフルーツにとってはストレスフルな環境です。

しかし、ヘイワードはこの環境によく耐えます。また、遅い発芽は遅霜から逃れやすい性質です。近年キウイフルーツかいよう病の強毒系統(PSA3)が世界じゅうで蔓延していますが、ヘイワードはこの病害に比較的耐えることができます。

一般に酸味が強く果実糖度はあまり高くないとされていますが、適切な樹勢の制御により近年は糖度が16度を超えるものも多く、食味に致命的欠点は見当たりません。

果実にはタンパク分解酵素アクチニジンを含みます。

香緑

ヘイワードの偶発実生。

ヘイワードより樹勢が強く、枝は徒長しやすい傾向です。

果実は円筒形で剛毛が密生します。果肉の色は濃緑色で強い甘味が特徴です。貯蔵力はヘイワードより劣りますが、4か月程度は容易に貯蔵できます。香川県の緑色系の主力品種として、高付加価値販売されています。かいよう病にたいしてはヘイワード並みの耐性と推察されます。

さぬきゴールド

香川県が育成した果肉が濃黄色の品種。現地では摘果を強めにすることにより、200g以上のものがかなりの割合で収穫できています。また、果実糖度が高いこと、早生(わせ)で10月初旬に収穫できることなどの特徴があります。

枝は節間が短く、果梗が短いことから果実がおたがいに接触し、果皮が薄く傷つきやすいため、香川県では袋かけを推奨しています。

樹は枝が折れにくく春先の強風でもダメージを受けにくいこと、回旋性が少なく枝が巻きつきにくいことなども栽培上のメリットです。かいよう病発生地帯でも問題なく栽培できています。

さぬきエンジェルスイート

香川県が育成した果肉が黄緑色の4倍体品種。種子周辺部がリング状に赤く着色します。2013年7月に品種登録されました。

果実の大きさは100g程度。果皮は暗褐色で毛じは極粗。発芽は3月中旬・下旬、開花5月上旬・中旬で、ほかの4倍体品種とほぼ同様。収穫は10月中旬・下旬。果実糖度が18〜20度ときわめて高く、酸も少なく、ほかの品種にはない独特の旨味があることからとくに食味がすぐれます。

レインボーレッド

中国から導入された苗木のなかから高品質な果実を生産する株が選抜され、静岡県の㈲コバヤシが商標を登録しています。果実は60〜90g程度と小玉ですが、糖度がきわめて高く、食味は良好です。

極早生で9月下旬から10月初旬には収穫できます。果肉は外果皮が黄緑色で種子周辺の内果皮が鮮やかに赤く着色するのが特徴です。

樹勢は比較的強いものの、かいよう病には弱く、感染すると多くは枯

香緑

細長い円筒形

酸味控えめで甘みが強い

さぬきゴールド

1個の重さが200g以上に

果肉は濃黄色で甘みが強い

さぬきエンジェルスイート

果実糖度が高い極良食味

種子部周辺がリング状に赤く着色

死してしまいます。かいよう病発生地域での栽培は困難です。

Hort16A

ニュージーランドのDSIR（Department of Scientifi cand Industrial Research)（現在はPlant&Food Research）により、中国系キウイの育成系統どうしを交配して育成された実生の選抜です。

2倍体のなかでは果実はかなり大きく糖度も高く、食味はトロピカルなフレーバーがあり、きわめて良好です。樹勢は強く新梢の伸びが生育期間中にわたって継続します。この枝の管理が高品質多収に重要なポイントとなります。

商品名としては、ゼスプリゴールドで商標登録され、日本人好みの味として広く栽培が進んでいました。しかしキウイかいよう病に弱いことから、ニュージーランドでは大半の園地でZESY002（商品名サンゴールド）に更新されました。

Hort16 A

結実状況（ニュージーランド）

商品名ゼスプリゴールド（愛媛県）

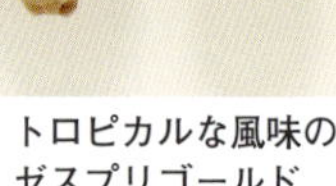

トロピカルな風味のゼスプリゴールド

レインボーレッド

中国系品種から選抜、育成

酸味控えめで甘みが強いレインボーレッド

Kiwiberry

近年、ベビーキウイ、ミニキウイあるいはキウイベリーと称される*A.arguta*（サルナシ）の生産が盛んになってきました。海外における現行の栽培品種は日本の野生種が由来のものが多いです。

北米やヨーロッパではラズベリーやブラックベリーの消費が多いため、キウイベリーという商品として生産、販売が拡大しています。

光香

サルナシ系品種（山形県）

Kiwiberry

ポルトガルのベビーキウイ栽培

静岡ゴールド

甘みが強く貯蔵性にすぐれる

東京ゴールド

果頂部が尖っており、豊産性

果肉が黄色で軟らかい

静岡ゴールド

静岡県果樹研究センターが育成したレインボーレッドを片親とした2倍体品種です。

果肉色は黄色で、果実重は60～90gと小玉ですが、食味はレインボーレッド同様すぐれています。収穫時期は10月中旬。レインボーレッドと比べて貯蔵性もすぐれるため、年末年始まで販売することができます。

また、摘蕾作業の省力化をはかるため花数が少ないのも特徴です。かいよう病にたいしてはレインボーレッドほどではないものの、弱いので注意が必要です。

東京ゴールド

東京都内のキウイフルーツ生産者により発見され、2013年に品種登録されました。果頂部の先端が尖っているのが特徴で、果実の大きさは約100gです。

糖度は14～16度で、食味は良好です。豊産性で、かいよう病にたいする抵抗性も比較的強いので今後普及が期待される品種です。

片浦イエロー

神奈川県農業技術センターが開発したキウイフルーツで、2008年に品種登録されました。果実の形は丸みを帯びた円筒形で、果実重は約100g。果肉色は薄黄~黄色で、糖度は約16度です。有数の産地がある神奈川県で栽培されています。

甘うぃ

福岡県農林業総合試験場で2013年に開発された品種です。果実重は140gと大玉で、名前のとおり糖度が18度ほどと高いのが特徴です。全国でもキウイフルーツ主産地の一つである福岡県で今後、普及が期待されている品種です。

さぬきキウイっこ

香川県と香川大学は、日本の独自遺伝資源である*A.rufa*（シマサルナシ）を片親として利用し、香川UP－キ1号~5号を選抜しました。これら5品種は一括して「さぬきキウイっこ」として商標登録され、すでに生産販売が始まっています。

大玉トマトとミディ、ミニトマトの関係のように、100gのキウイと40~50gのイチゴサイズのミニキウイとして、新しい商品カテゴリーとしての展開が期待されています。シマサルナシの高温・乾燥、強風に強い性質をもちながら、良食味、多収が実現しており、世界的に注目さ

片浦イエロー

糖度が高く、甘みが強い

果形は丸みを帯びた円筒形

甘うぃ

果実重140ｇの大玉

糖度が16～18℃と高い

さぬきキウイっこ

良食味で多収

シマサルナシとの交雑種

れる育種成果とされています。

そのほかの品種

中国から導入され、リンゴのような形状から「アップルキウイ」と呼ばれる魁蜜、早生で種のまわりが赤色になる紅妃、香川県育成品種でひと口サイズの甘みの強い香粋、果肉が濃い緑色のブルーノ、涙が落ちそうな形状からティアドロップと名づけられた品種などがあります。

魁蜜

形状から「アップルキウイ」と呼ばれる

熟してくると果肉が黄色になる

ブルーノ

大型品種で果肉は濃緑色

香粋

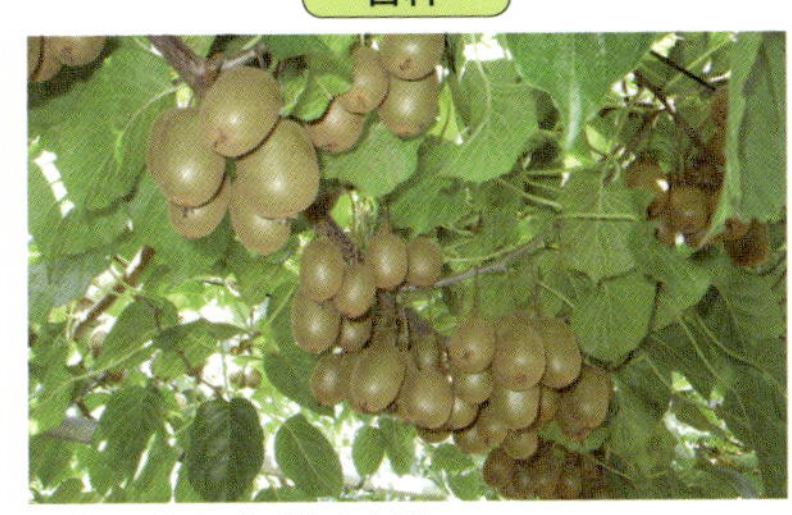

ひと口サイズで甘みが強い

雄品種

さぬき花粉力の開花

ティアドロップ

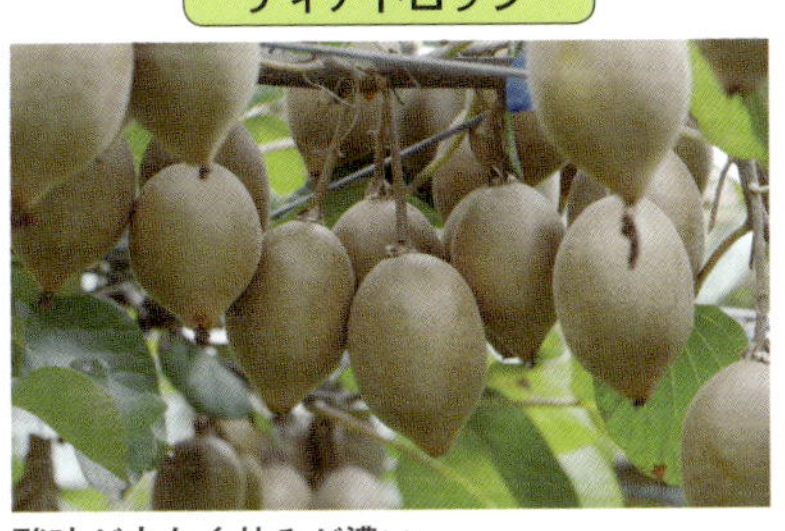

酸味が少なく甘みが濃い

雄品種

日本で一般的に利用されるキウイフルーツの雄品種はマツア(Matua)あるいはトムリ(Tomuri)という6倍体品種が一般的です。しかし、開花時期が早い4倍体あるいは2倍体品種の普及と花粉採取の省力化のため、輸入花粉を利用することのほうが一般的になってきました。

花粉の輸入はキウイかいよう病の侵入リスクも懸念されます。そこで、4倍体品種などの開花時期に間に合わせるとともに、花粉収量が多い品種として、さぬき花粉力が香川県で育成されました。

また、2倍体品種に開花期が重なる雄品種としては、静岡県農林技術研究センターが育成したにじ太郎や、種苗会社から販売されている極早生オスがあります。

庭先栽培と経済栽培の留意点

地植えと鉢植えのコツ

キウイフルーツ栽培を志すうえでの留意事項をまとめます。

庭先果樹を前提とした場合、病気や虫に強いこと、樹幹が広がりすぎないこと、交配が容易なこと、追熟が容易なことなどが重要です。

キウイフルーツはほぼすべての品種が、ほかの果樹より病気や虫に強い傾向がありますが、前項で説明したとおり、かいよう病、とくにＰｓａ３（かいよう病菌の系統の一つ。詳しくは94頁参照）が発生した地域では2倍体品種は選択しないほうが無難です。狭い庭で樹冠が広がりすぎないように、鉢植えとすることはよい方法と考えられます。

排水のよい土に植え、数日おきの灌水がおこなえるようにさえすれば問題はありません。ただし、棚（パーゴラ）はお忘れなく。

ヘイワードの結実

鉢植えにも支柱や棚が必要

経済栽培では好立地を

経済栽培をおこなう場合、留意するポイントは台風や梅雨の雨でも湛水しない排水のよい土地に植えること、台風や春先の強風が当たらないよう配慮すること、遅霜の被害にあわない場所を選ぶことが重要です。

また、葉焼けは梅雨明け後の夏の高温乾燥で発生していることから、西日が当たらない東向きの園地を選ぶと圧倒的に管理が容易になります。キウイフルーツ主産地の高品質生産園地はこのような場所に立地しています。

好立地条件さえ得られれば、キウイフルーツ栽培は成功に大きく近づいているといえます。

好立地の園地は管理しやすい

キウイフルーツの栽培と貯蔵・追熟

棚下で鈴なりに結実したキウイフルーツ

地植えで育てるためのポイント

適地への植えつけが基本

キウイフルーツの主要な産地は、年平均気温13度以上で、凍害が見られない比較的温暖な地域に多くあります。キウイフルーツを上手に育てるいちばん重要な点は、キウイフルーツ自生地や産地の状況をよく理解し、この環境条件に近いような場所に植えつけることです。

なだらかな傾斜地の樹園

キウイフルーツ栽培に適した場所の条件をまとめると、以下の3点になります。

❶水たまりができにくく、水はけのよいところ

❷風当たりが強くないところ

❸比較的温暖で、霜がおりないところ

筆者の経験では、よいキウイフルーツ園地では、降雨後も水たまりができず、風が弱く比較的温暖であるために蚊が多くいるようなところが多いです。

不適地に植えてしまうと、初期生育が不良であったり、病気が発生しやすくなったりし、その後の管理がむずかしいものになります。

逆に適地に植栽すると、生育が旺盛で病気にもかかりづらく、その後の管理が楽になります。キウイフルーツにとっての重要な病気であるかいよう病は風当たりが強いところ、根腐れ病は水はけの悪いところで発生することが多いのは、この点を示しているといえるでしょう。

適品種の選択

条件があまりよくない場所に植える場合においても、適切な品種や台木を選択することにより、上手に栽培できることがあります。

たとえば、株枯れや根腐れが発生しやすい圃場（ほじょう）においては、台木にシマサルナシを用いることにより、こ

れらを防ぐことができます。

風当たりが強い場所においては、かいよう病にたいする抵抗性が期待できるシマサルナシの血を受け継いだ品種がよいでしょう。また、魁蜜、さぬきゴールド、香粋などは強風でも葉がちぎれにくい性質を持っています。

収穫前のさぬきキウイっこ（香川ＵＰ－キ５号）

霜害が見られるような地域においては、休眠が深くて発芽時期が遅いヘイワードや香緑を植えたほうが無難です。

一方で、最近人気の高いレインボーレッドをはじめとした果肉が一部赤くなる品種は、かいよう病に弱く、さらに発芽が早いため、霜害にあいやすいことから、これらを植えるさいには注意が必要です。

植栽間隔を適切に保つ

広いスペースを確保

キウイフルーツは、成木では主枝は6m程度まで伸びるので、広いスペースを確保することが必要です。品種によって若干異なりますが、たとえば棚栽培のキウイフルーツ園地では、10a当たり33本植え、つまり1本当たり30㎡程度に樹冠を広げて栽培していることが多いです。

庭先でよく見かける失敗事例として、植えすぎて隣の樹とぶつかってしまい、枝が非常に込み合っていることがあげられます。枝が込み合うと、おいしい果実がたくさん取れないだけではなく、害虫の住みかにもなり、庭の嫌われものにもなりかねません。

そうならないようにするためにも、最初は3ｍ間隔と密植で植えても、将来、隣の樹とぶつかるようになったら思い切って間伐することが重要です。

雄樹も忘れずに

キウイフルーツ生産者は、受粉に必要な花粉を自分で採取するか、購入するかして確保し、人工受粉するのが一般的です。

しかし、庭先でキウイフルーツを栽培する方にとっては、花粉の採取はむずかしいうえに、花粉の価格は高価です。このため、雌樹と同時期に開花する雄樹の混植、もしくは雄樹の枝を一部高接ぎするとよいでしょう。

一年間の生育サイクルと作業暦

生育サイクルと管理作業

一般的に栽培されることの多いヘイワードにおける一年間の生育ステージと主な管理作業を41頁の**図2-1**に示しました。黄色・赤色系品種については、基本的にヘイワードに比べると発芽や開花が早く、生育ステージや管理作業は前倒しとなることに留意してください。

ここでは生育ステージごとの主な作業について、おおよその流れをつかんでいただければと思います。

発芽・展葉期

キウイフルーツの芽は、花と葉をいっしょに含む混合芽です。花芽の形成は、2月下旬から3月初めにかけて芽が1～2㎜となったころから始まり、5月上中旬に完成するといわれています。発芽後、新梢は伸び、それに伴って葉がつぎつぎと展開していきます。

芽かき

発芽初期は、根や枝に蓄えられた前年の貯蔵養分を使って生育します。芽かきは、不必要な芽を早期に取り除くことにより、蓄えられた貯蔵養分を必要な芽が使うよう促すためにおこないます。

こうすることで、残された芽には貯蔵養分が集まり、その後の生育が順調に進みやすくなります。新梢が2～3㎝程度に伸び、つぼみの着生が確認できる時期からおこないます。

遅霜対策

発芽期は花芽を形成する大切な時期ですので、遅霜の被害にあうと、収量が大きく減少することがあります。このため、この時期の遅霜には警戒する必要があります。

開花・結実期

キウイフルーツの開花期は、品種、春先の気温、産地の立地条件に左右されますが、一般的には暖地のヘイワードであればおおむね5月中旬から咲きはじめ5月末には終了します。黄色・赤色系品種ではそれよりも早く、とくにレインボーレッドでは4月の下旬から咲きはじめます。

開花期の作業は、その年の収量や果実品質に直結する作業が多いので、確実におこないます。

摘蕾

摘蕾による花数の制限は、貯蔵養分の消耗を防ぐので、果実の初期肥大を促進します。とくにレインボーレッドなどの黄色・赤色系品種では、結果枝あたりの着蕾数が多いため、果実の大玉化には有効です。

摘蕾は、およそ開花の7～14日前にあたる、手でつぼみが取り除けるようになる時期におこないます。

受粉

キウイフルーツは、同時期に開花する雄樹を混植、もしくは樹の一部に雄枝を高接ぎしていれば、訪花昆虫や風により受粉します。雄樹や雄枝から距離が近いほど結実は良好となります。しかし、天候に恵まれなかったり、昆虫の活動程度が低いと、着果にむらが生じたり、果形が乱れたりすることがあります。

高品質な果実を安定して生産するためには、人工受粉をおこなう必要があります。

摘果

キウイフルーツは、受粉が適正におこなわれれば、比較的良好に結実します。また、生理的な落果はほとんど見られません。放任しておくと、果実どうしが養分を奪い合って果実の肥大や品質が悪くなります。

このため、摘果を早期に精度よくおこなう必要があります。受粉後1

発芽直後の新芽

主な管理作業暦　　ヘイワードの場合

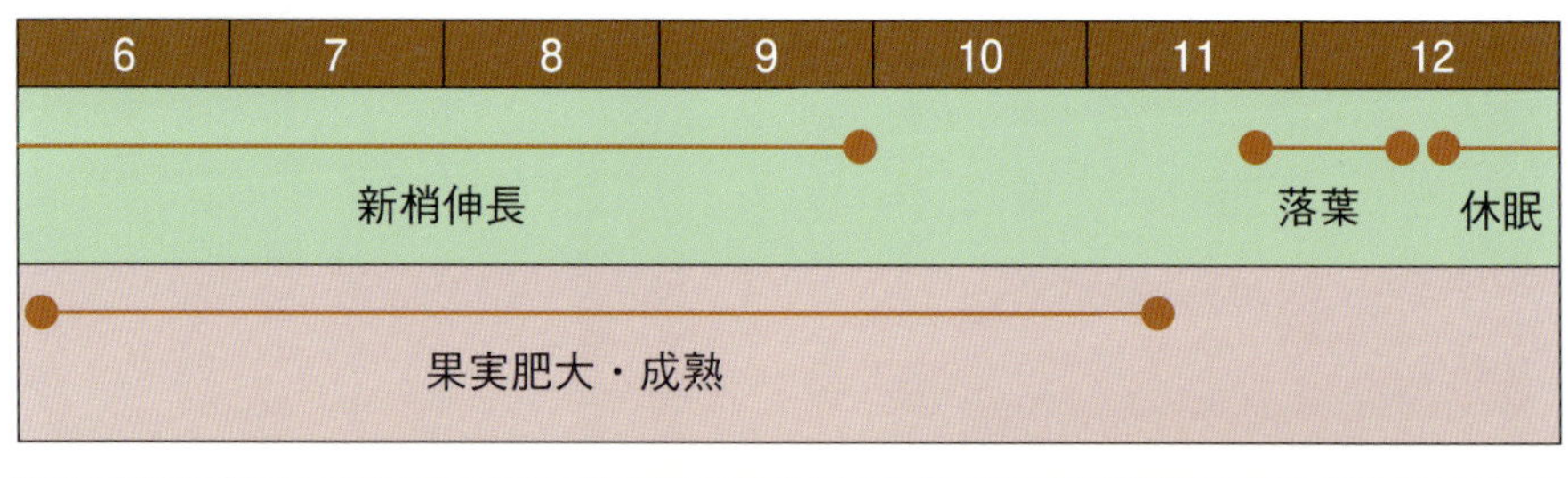

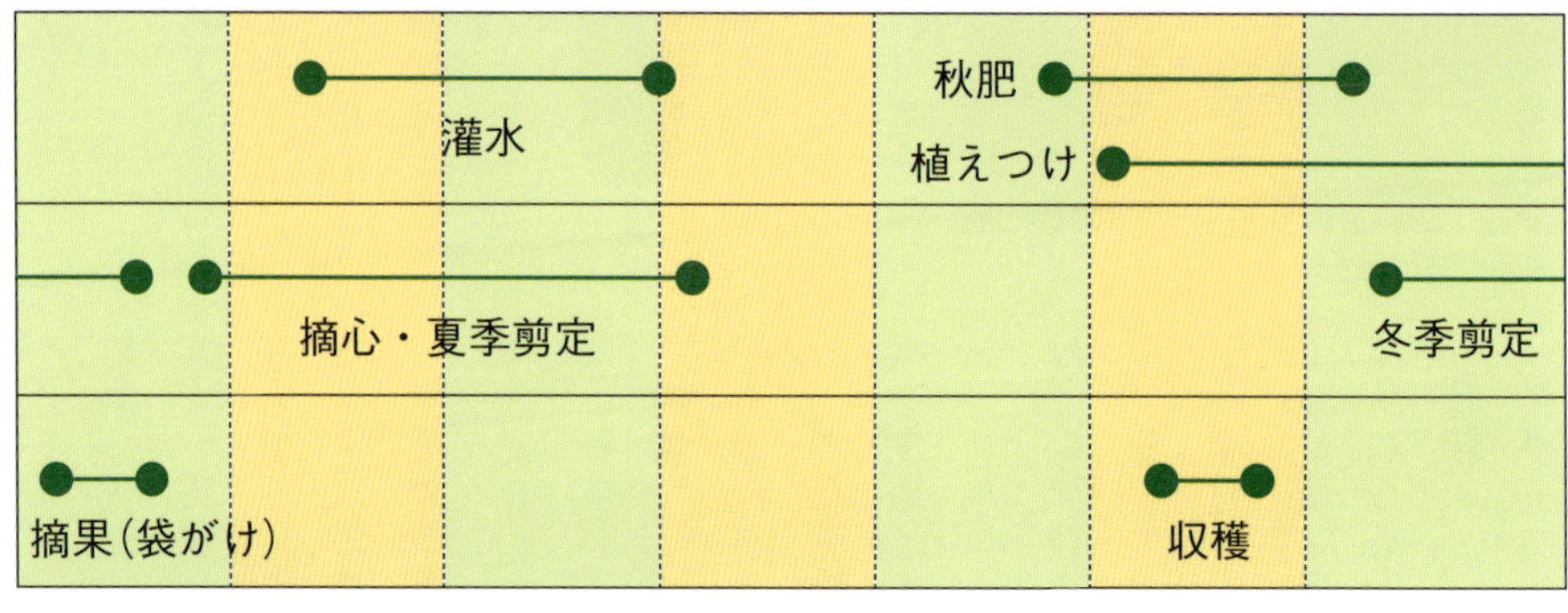

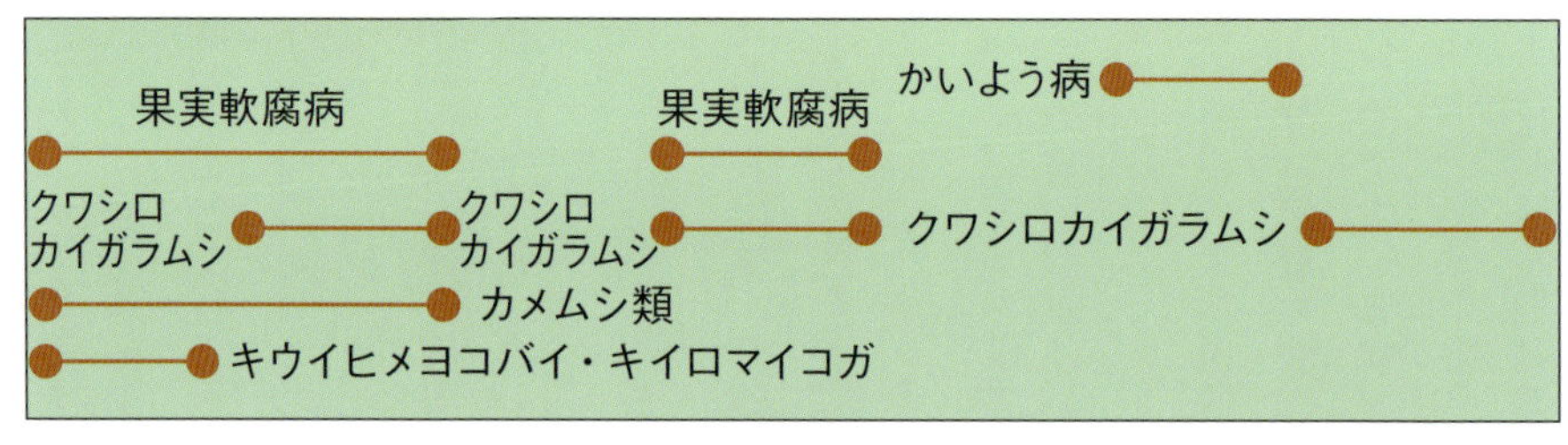

か月以内までに完了させます。

果実肥大期

キウイフルーツの果実は、開花30日後までは急激に発育します。

その後、7月上旬以降に肥大速度は緩やかになり、その後7月下旬から8月上旬にかけてまた肥大が進み、その後は徐々に肥大速度は低下していきます。

枝梢は、6月上旬ごろまでは急激に伸長しますが、その後は伸長が緩やかになります。この時期から収穫までは、夏季剪定と水管理が主な作業となります。

夏季剪定

キウイフルーツは樹勢が比較的旺盛なため、生育期間中に一度も夏季剪定をおこなわないと、枝葉は込むため園内は暗くなり、ひどい場合だ

図2－1　生育状態と

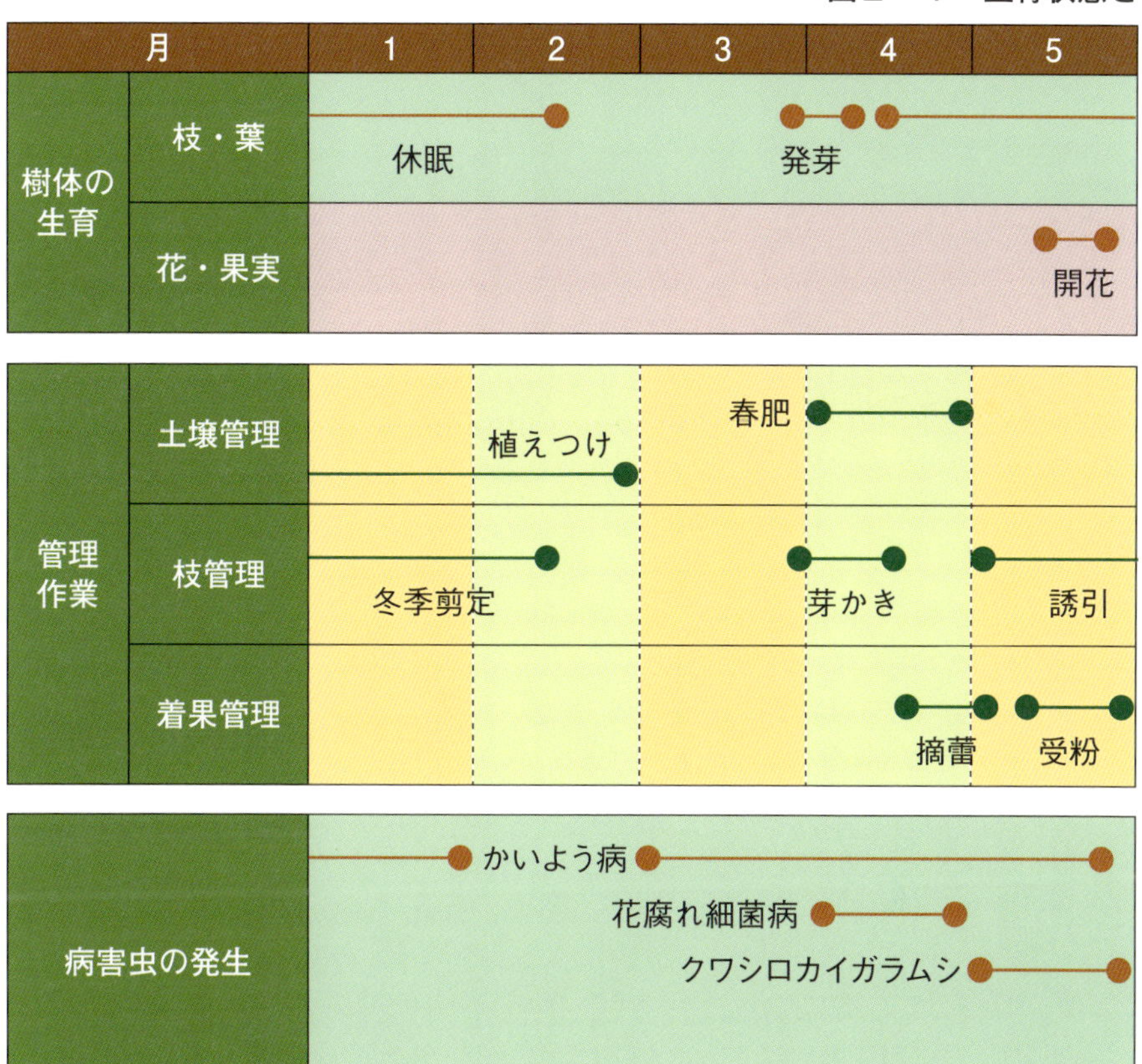

と8月ごろから日当たりの悪い葉が黄化し、いちじるしく落葉します。

早期に落葉すると、果実は小玉となり、糖度は低く、果肉色も薄くなる傾向が見られます。また、枝葉が込み合うと、病害虫が発生しやすくなります。

灌水

キウイフルーツの根は樹の大きさに比べて少なく、また、根の分布は比較的地表面に近い場所にあります。このため、夏場には乾燥の害を受けやすく、葉焼けや落葉が多くなってしまいます。とくに幼木期は根の発育が不じゅうぶんなため、被害を受けやすいので注意が必要です。

これらのことから、夏場は灌水をおこなう必要があります。キウイフルーツの水管理は、プロの生産者にとってもむずかしく、灌水の程度は

成熟期の果実

葉が落ちはじめる（12月上旬）

判断がむずかしいものです。

コツとして、一度にたくさんの水をやり数日はやらないという方法ではなく、1回は少量でも回数を多くするという方法がうまくいくことが多いようです。土が乾きやすい場所で、晴天が続く夏季には、毎日おこなう必要がある場合もあります。

果実成熟期

暑い夏も終わりにさしかかると、果実はデンプンの蓄積が進む一方で、糖度や酸などの内容は徐々に変化していきます。果実の糖度が一定以上となったら、いよいよ収穫となります。

キウイフルーツは、モモやミカンのように着色が進むわけではなく、外観の変化が乏しいので収穫適期の判断がむずかしいです。収穫が早すぎると糖度はじゅうぶんに上がらないため食味は低下し、果肉色は薄いものとなります。逆に、収穫が遅すぎると、糖度は上がり果肉色は濃くなるので、品質は良好となりますが、貯蔵性は低下します。

このため、おいしくて、貯蔵性の高い果実とするには、適期での収穫が重要です。また、この時期は台風の襲来に注意する必要があります。

休眠期

キウイフルーツの休眠期は、地域により差は見られるものの、おおむね葉が落ちはじめる11月下旬から12月上旬に始まるといわれています。

休眠期は、冬の寒さにより芽の生育が停止しています。休眠期の作業は来年に向けての整枝剪定作業が主な作業となります。剪定作業は、枝管理や着果管理の基本的な作業となるので、かならずおこないます。

また、根の活動も低下しているこの時期に、元肥の施用や土壌改良もおこないます。キウイフルーツは比較的休眠期の寒さには強い果樹ですが、最低気温がマイナス10℃以下になるような地域では寒害対策をしたほうがよいでしょう。

苗木増殖のための接ぎ木作業や、品種更新や雄樹の枝配置のための高接ぎ作業もこの時期におこないます。

樹の一生と樹齢別管理

キウイフルーツ樹の一生は、植えつけ間もない幼木期、果実をたくさん結実させる成木期を経て、果実の生産量が徐々に少なくなっていく老木期に至ります。

植えつけ2年目の幼木

幼木期の管理

幼木期は根がじゅうぶんに発育していないので乾燥に弱く、夏場に灌水を怠ると枯死することがあるので注意が必要です。また、幼木期は風により傷つきやすいため、かいよう病にかかるリスクも高いです。

このように、幼木期は枯死する危険性が高い時期といえるので、植えつけ後はこまめに樹の状態をチェックし、異常があれば対応します。

キウイフルーツは枝の伸長が早いので、支柱もしくは棚への誘引を早めにおこなうようにします。誘引が遅れると枝が垂れてしまい、結局また樹の基部から切り返すこととなってしまい、そのぶん結実するのが遅れてしまいます。

幼木期は主枝を伸ばしながら、樹幹を拡大させていきます。キウイフルーツは基部から発生する枝が強く、伸長する負け枝が発生しやすいので、どの枝を主枝とするかを明確にしながら伸ばしていきます。

成木期の特徴

キウイフルーツは植えつけてから初結実までの期間は、ほかの果樹に比べて比較的短く、1～2年後には果実を収穫することができます。

収穫する果実の収量は、初結実から毎年増加していきますが、植えつけから6～7年を過ぎるあたりからほぼ一定となり安定します。

この時期になると、主枝の長さや樹冠面積もほぼ確定し、成木期となります。根はじゅうぶんに生育し、幼木期と比べて乾燥などのストレスにも強くなっているので枯れにくく、ここまでくればひとまず安心といえるでしょう。

品質のよい果実がもっともたくさん収穫できる働き盛りの時期なので、この期間を1年でも長くするよう樹勢の維持に努めます。

成木期の樹(植えつけ8年目)

老木期の特徴

国内ではキウイフルーツが導入されてから40年ほどしか経過していないので、もっとも古い木でも樹齢は40年程度です。

このため、国内ではキウイフルーツの樹がいつまで果実を生産することができるのかは不明な点が多いというのが実情です。

しかし、本場であるニュージーランドでは50年を過ぎても旺盛に果実をならせている樹もあるので、管理しだいでその樹齢までは生育できるといえます。

40年余りになる老木(ヘイワード)

老木期になるとよく見られるのが、とくに主枝から新梢の発生が少なくなり、側枝の確保がむずかしくなることです。この原因の一つとして、成木期の樹冠面積をそのまま維持していることがあります。このような場合は、思い切って主枝を短くし、樹冠面積を縮小させるとよいでしょう。縮小したぶんは、新たに苗を植えつけ、園全体の生産量を維持するように努めます。

一方で、老木は根がじゅうぶんに発育しているため、品種を更新する場合、主幹や主枝から高接ぎすることで苗木を植えつけるよりも早く結実させることができます。

老木をうまく利用することで品種の更新を早く確実におこなうことができます。このことから、キウイフルーツでは老木で生産量が少々落ちたからといって、伐根までしてしまうのはもったいないともいえます。

苗木の種類と選び方の基本

苗木の状態の確認を

植えつける場所の環境条件を考慮に入れ、希望の品種を選択したら、苗木を選びます。近年は、インターネットで苗木を販売することも多いのですが、可能であれば自分の目で苗木の状態を確認したほうが望ましいでしょう。

キウイフルーツの果実には、多いもので１０００粒以上の種子が含まれます。これらは、発芽することができるので実生苗も比較的容易に養成することができます。

ここでは、苗木の種類とよい苗木の選び方のポイントについて具体的に述べます。

ポット苗（魁蜜）

苗木の多くは接ぎ木苗

キウイフルーツが導入されて間もない１９７０年代後半は、主産国であるニュージーランドから輸入された苗木が大部分でした。当時は、苗木の品種にまちがいがあったり、病害虫に侵されたものがあったりとトラブルも多いうえに値段も高かったようです。

こういったこともあり、キウイフルーツが広まるにつれて、国内で苗が生産されるようになり、今では多くの種苗会社、園芸店、ホームセンターなどで手軽に入手できるようになっています。市販されているキウイフルーツの苗木の多くは、種子から発芽させ養成した実生の台木に穂木を接ぎ木したものです。台木として使われる実生は、ヘイワード、ブルーノなどの6倍体品種から養成されることが多いです。

近年は、根腐れ病にたいして抵抗性のあるシマサルナシを台木に使った苗木も見かけるようになりました。これは、根腐れ病が発生した場

店頭販売のポット苗

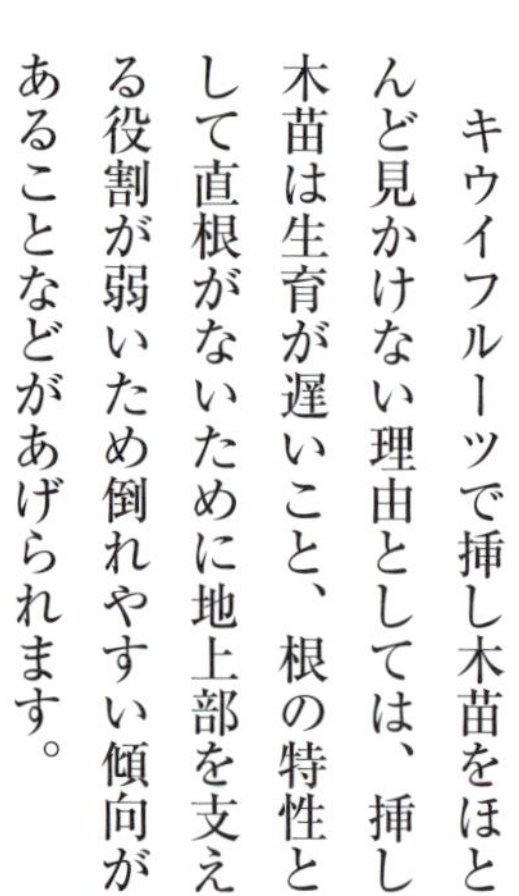
ポット苗の育成

素掘り苗

所でも良好な生育が期待できます。

キウイフルーツで挿し木苗をほとんど見かけない理由としては、挿し木苗は生育が遅いこと、根の特性として直根がないために地上部を支える役割が弱いため倒れやすい傾向があることなどがあげられます。

ポット苗と素掘り苗

キウイフルーツの苗木には、ほかの果樹と同様にポットで養成したポット苗と畑で養成したものを掘り上げた素掘り苗（裸苗）があります。

ポット苗はポットに植えられた状態で流通販売され、根を切ったり、傷めたりすることが少ないので、1年を通して植えつけが可能で、植え傷めが少ないのが特徴です。

一方で素掘り苗は、根の活動が低くなった秋から冬にかけて掘り取られ、根の一部も切除されていることが多いです。植えつける時期は、冬期にかぎられます。

よい苗木を選ぶポイント

まず、信頼の置けるところで、できれば生産者がはっきりしているところから、購入するようにします。もし、品種にまちがいがあったなどのトラブルがあった場合には、返品に応じてくれるかもしれません。

よい苗木を選ぶポイントについて、以下の4点に留意しましょう。

●充実している苗。先端の直径は1㎝以上ある太いもの。また、節間はある程度つまっており、長くないもの。節間は3～6㎝程度のものが望ましく、それ以上ある徒長ぎみのものは避けるようにします。

●根量がじゅうぶんにあるもの。株元付近から、白くみずみずしい細根の多いものほどよい苗です。乾燥した根は黒ずんでいます。

●接ぎ木部がしっかりと活着しており、巻き込みが完全なこと。

●病害虫に冒されていないもの。キウイフルーツの場合、病害虫に冒された苗が出回っていることはめったにありませんが、傷や虫害など明らかに被害があるとわかるものは避けましょう。とくに根にこぶがあるような苗は、ネコブセンチュウ、もしくは根頭がんしゅ病にかかっている可能性が高いので避けます。

植えつけ場所と植えつけ方

植えつけ場所の確保

キウイフルーツの栽培適地については先に述べましたが、栽培に適したすべての条件を満たした場所は多いとはいえません。

しかし、対策を施したり、植えつけ時に工夫することにより、条件を改善することはできます。水はけの悪い場所であれば、客土と堆肥の施用をおこなうことにより透水性を向上させたり、深植えせず高めに植えつけるようにします。

また、溝を切り、水の抜け道をつくることも有効な方法です。産地では傾斜がある場所のほうが、水がたまりにくいため、生育が良好となる場合が多いようです。風当たりが強いところであれば、防風ネットや防風樹を設置します。

家庭園芸でそこまでおこなえない場合については、植栽予定の場所をよく観察し、できるだけ風当たりが弱い場所に植えつけます。

日当たりは、キウイフルーツを栽培した場合、比較的日陰の枝であっても順調に生育することが多いことから、少々悪くてもよいようです。

また、キウイフルーツは水はけの悪い場所が苦手な一方で乾燥に弱いことから、灌水ができるようにしておいたほうがよいでしょう。とくに幼木の間は、根がじゅうぶんに発達していないことから、夏場に灌水する機会は多くなります。

植えつけ前の準備

幼木期は枝が折れやすく、かいよう病も発生しやすいため、防風対策をなるべく事前に施します。また、根がじゅうぶんに発育していないため、灌水の頻度が多くなるので、灌水できるようにしておきます。

果樹棚や防風施設を設置する場合、植えつけ後に設置すると施工が困難となる可能性があるので、植え

防風ネット

防風垣

つけ前に設置したほうが望ましいでしょう。

素掘り苗を植えつける場合、植え

根の先端をはさみで切除

図2－2　苗木の植えつけ方

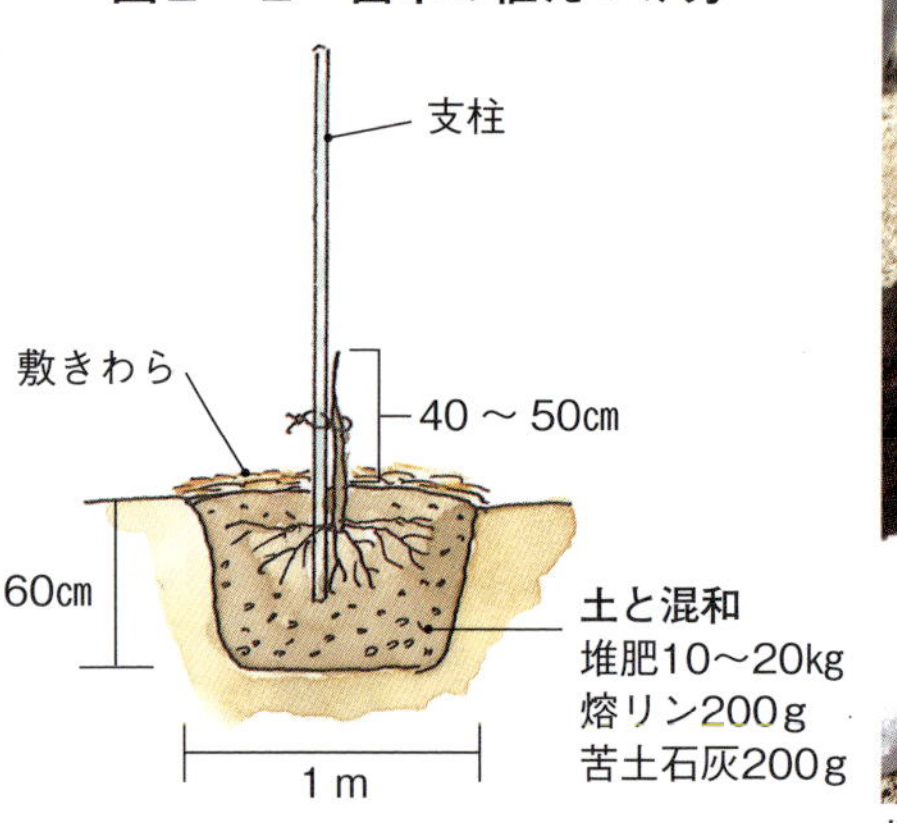

つけまでに日数がかかるようならいったん仮植え（長めに掘った穴に苗木を仮に斜め横に寝かせ、厚く土をかけておく）するようにします。

図2・2に植え穴と植えつけのポイントについて掲載しました。植え穴の準備は、堆肥や肥料などの土壌改良資材を土とよくなじませるため、植えつけ前の10～11月におこなうようにします。植えつけ場所に直径1m程度、深さ60㎝程度の植え穴を掘ります。

植えつけ直後の状態

水はけの悪い場所や水田転換園のような地下水位が高い場所では、深さは40㎝程度とし高畝とします。

掘り上げた穴には、堆肥と土が1：4となるよう堆肥を10～20kg投入します。さらに熔リン200g、苦土石灰200g程度を投入し、土とよく混和します。土壌pHは弱酸性である6・0～6・5となるように、石灰などで調整します。

なお、根を40～45℃の温湯に30分浸します。そうすることで、ほとんどの病気や害虫は死滅します。ただし、浸す湯の温度は45℃以上とならないように注意します。

植えつけの方法

植えつけ時期は、根の活動が低下している11月上旬から2月下旬にかけておこないます。

植えつけの手順

1 深さ60㎝ほどの植え穴を掘る

2 根を広げ、苗木を配置

3 土壌改良資材などを施す

4 接ぎ木部を出して埋め戻す

5 苗木を切り詰める

6 支柱に結ぶ

7 たっぷりの水を与える

苗木の根がいちじるしく徒長しているような場合は、先端をはさみで切除し、根が放射状となるようにします。また、とくにポット苗を植えつける場合には事前に根をほぐしておきます。

穴の中央部はやや盛り上げ、接ぎ木部に土がかからないようにします。接ぎ木部まで埋めてしまうと自根が発生し、台木の長所が生かせなくなることがあるためです。

支柱も忘れないように設置し、植えつけ後はしっかりと支柱に誘引します。支柱は、径が15〜20㎜程度のやや太めのものを用います。

また、苗木は50㎝程度にまで切り詰め、3〜5芽となるように調整します。植えつけ直後には水をたっぷりと与えます。

これをおこなうことで、根と土が密着し、根と土との間に隙間がなくなることで根が乾きにくくなります。水を与えると土は沈みますので、沈んだところには土を再度入れるようにします。

植えつけ後の管理

植えつけ後は、株元に敷きわらな

刈った草で株元をマルチ

どでマルチをするようにします。幼木期はとくに乾燥に弱いので有効です。土壌水分が少なくなりやすい夏場は、こまめに灌水をおこなうようにしてください。

株元の雑草は、手で刈るようにします。幼木期のキウイフルーツは除草剤の影響を受けやすく、株元には処理していないつもりでも葉が奇形になるなどの影響が現れることがあります。

仕立て方の種類と特徴

仕立て方いろいろ

キウイフルーツはつる性で枝が軟らかく、曲げやすいので、比較的自由に枝を配置することができます。

枝の強さを、主幹、主枝、側枝の順とすること、側枝は1年で更新すること、この2点にさえ留意すれば、工夫しだいでさまざまな仕立てができます。

主枝や側枝を誘引する資材、側枝の扱い、樹高などの違いにより、さまざまな仕立て方があります。応用すれば、垣根にしたり、日除けにしたり、さらには鉢物にすることも可能でしょう。ここでは、これまでに実際に検討されたものを中心に、さまざまな仕立て方を紹介します。

平棚仕立て（雨よけ栽培）

棚仕立て

国内ではどの地域においても台風が襲来するおそれがあるため、ナシやブドウなどでは強風対策として側枝を棚に水平誘引して栽培するのが一般的です（**図2-3**）。

キウイフルーツにおいても他の果

図２－３　棚仕立て

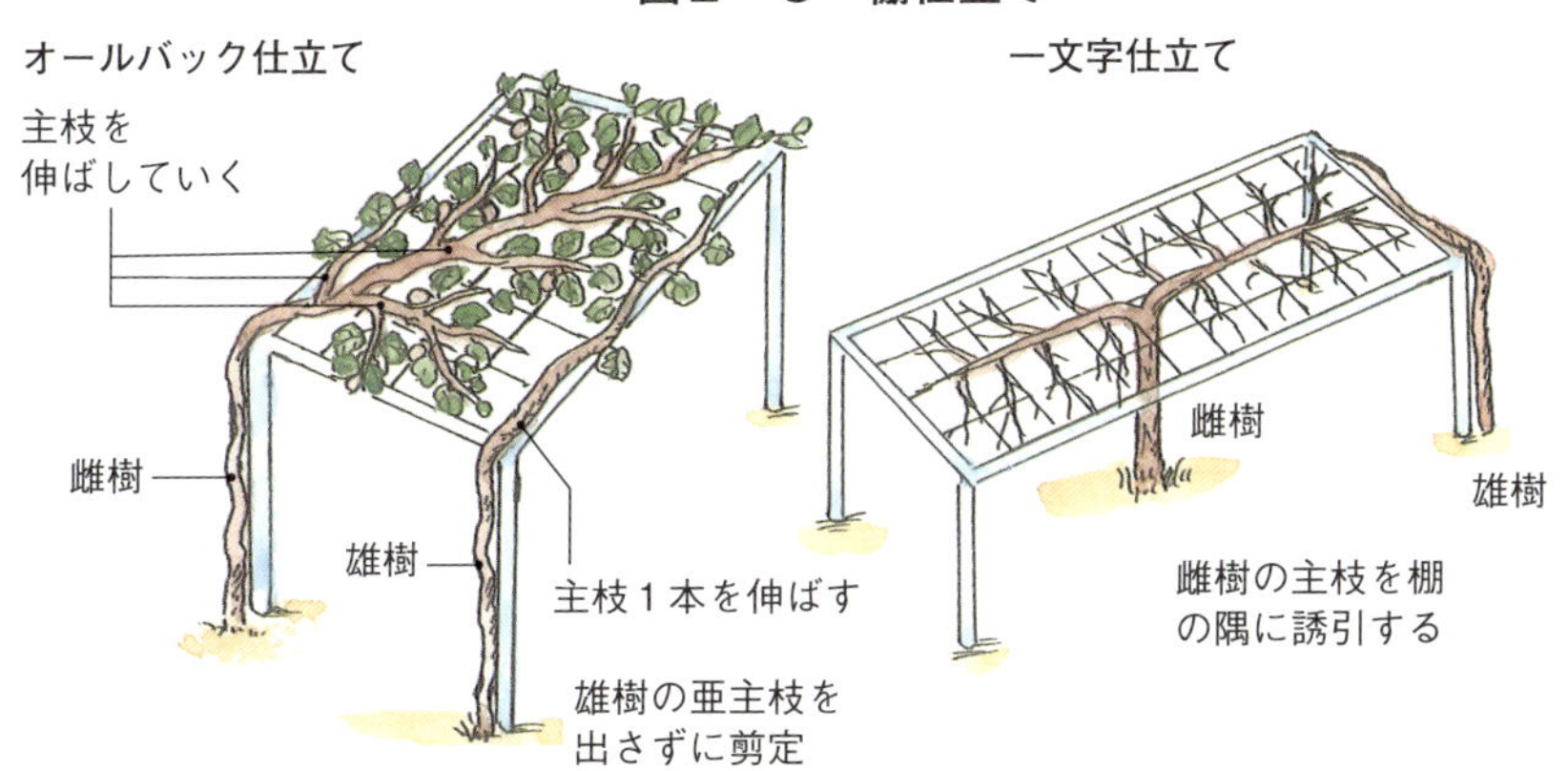

図２－４　Tバー仕立て

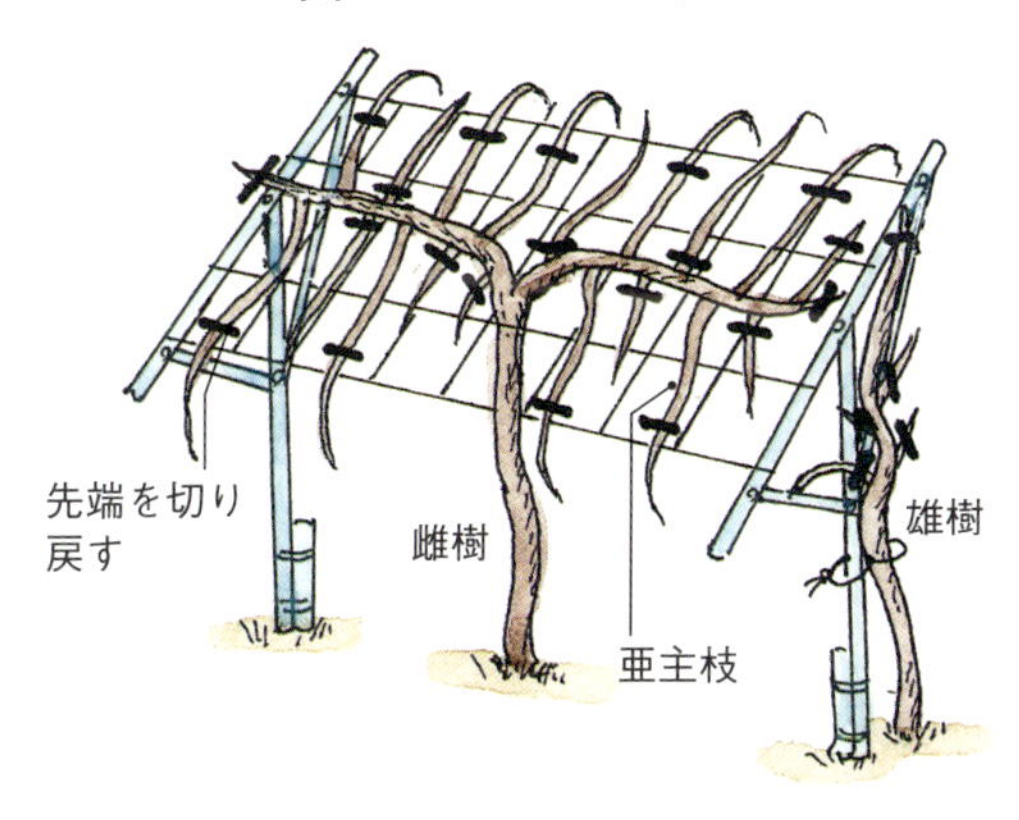

樹と同様に、つる性で枝の伸長が旺盛であること、枝の誘引を自由にしやすいといったことから棚仕立てとすることが多いです。

キウイフルーツの棚仕立てでは、主枝を2本とする2本主枝一文字仕立てと主枝を1本とするオールバック仕立てがおこなわれています。いずれの仕立ても主枝を直線状に配置し、主枝の伸長方向にたいして直角に側枝を平棚に誘引します。樹形としては単純な形なので剪定などの作業がしやすいのが長所です。

Tバー仕立て

T字型の支柱を使った仕立てで、ニュージーランドでかつてはよく見られた仕立てです（図２‐４）。

主枝を直線状に配置し、側枝は支柱間に張った番線で結束し、その先端は垂れ下げ、ぶら下がった状態となります。設備の費用は、平棚より

Tバー仕立て

も安価におこなえ、栽培管理も比較的容易なのが長所です。

一方で、収量が平棚に比べて少なく、果実のそろいも悪くなります。また、風に揺れやすく、傷果や枝折れが多いので、日本のように台風がよく来るような地域にはあまり適していないといえます。

図2－5　フェンス仕立て

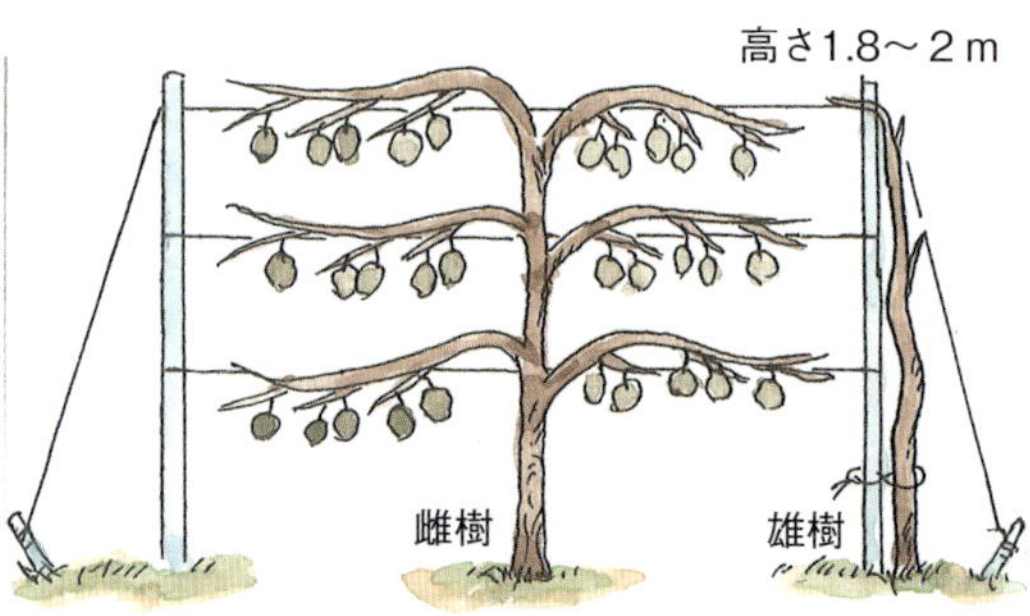

改良マンソン仕立て

改良マンソン仕立てとは、アメリカのマンソン氏が考案した仕立てを澤登晴雄氏が改良し、立体棚とした仕立てです。

主幹の高さを1ｍ程度とやや低くし、主枝をその高さで直線状に配置します。側枝は斜め上方に登らせ、番線で結束し、側枝の先端は下垂させます。樹全体の日当たりが良好になるとともに、風が吹き抜けにくいため風害に強く、枝が折れにくいことが長所です。

棚のつくり方がややむずかしいこともあり、あまり普及が進んでいません。

フェンス仕立て

ニュージーランドでキウイフルーツ栽培が始まった初期におこなわれた仕立てで、垣根仕立てともいいます（**図2－5**）。

杭などを支柱とし、これに渡すように番線を設置したフェンスを利用します。フェンスの上段に主枝を直線状に配置し、側枝は固定することなく左右に下垂させます。安価で容易に設置でき、狭い面積でも栽培できるので、庭先での栽培に適しているともいえます。短所としては、Ｔバー仕立て以上に風の影響を受けやすく、収量も低下することです。

低樹高仕立て

かいよう病Ｐｓａ3対策の一つとして、屋根かけ栽培をおこなうために筆者が検討している仕立てです。

主幹の高さを改良マンソン仕立てよりさらに低い50㎝とし、そこから

仕立て方いろいろ

使われなくなったハウスのアーチ仕立て

低樹高仕立て

出入り口の平棚仕立て

かまぼこ型ハウスでの平棚仕立て

通路のトンネル状仕立て

ハウスのパイプ利用の仕立て

主枝を直線状に配置します。側枝は30～60度の間で斜め上方に倒し、番線で結束します。側枝はもっとも高い位置でも170㎝程度と樹高が低くなることが特徴です。

そのほかの仕立て

アーチ仕立てはハウスのパイプなどを利用し、主枝や亜主枝、側枝をはわせて結果させる方法です。パイプなどの資材費が高くつくため、使われなくなったハウスを生かしたり、家庭園芸用のアーチで庭先を彩ったりします。

また、かまぼこ型のハウスをつくったり、パイプの片側を通路の壁などに固定させてトンネルを設置したりするトンネル状の仕立て方などもあります。

棚は栽培に必要不可欠な施設

庭先果樹の棚設置

棚はキウイフルーツ栽培に必要不可欠な施設です。

家庭園芸では、まずカーポート、パーゴラ、フェンスなどの既存施設を有効活用することから考えるのがよいでしょう。

先述したようにキウイフルーツにはさまざまな仕立て法や栽培方法があるのでそれらを勘案し、状況に合ったものを選択して検討してみてください。狭い面積であれば、果樹棚やパーゴラのキットも販売されているので、それを利用するとよいでしょう。キットには設置手順が記載されているので、比較的容易に設置することができます。

市販の果樹棚（キットは第一ビニール）

また、近年はホームセンターでさまざまな材料を入手することが可能です。平棚の設置方法を参考にし、使う資材を応用することで、自分の庭に合ったオリジナルの果樹棚をつくることも可能です。

棚づくりには決まりがあるわけではありません。とくに家庭園芸では、自由な発想による独創性を発揮するとおもしろいキウイフルーツ栽培につながります。

基本となる平棚の構造

キウイフルーツで使われている平棚は、ブドウやナシといった、ほかの果樹で栽培されているものと違いはありません。

平棚づくりの一例

外枠　ここではパイプ棚の例を示します（**図２－６**）。直径48㎜の鋼管と直交クランプを使って組み立てます。鋼管の長さは2・5mとし、4隅の柱や棚上部の枠をつくります。

柱が沈まないように、先端部にステー（強度補強の部材）を取りつけて40cmほど地面に埋めます。地面に埋まる部分には防サビ塗料を塗っておきます。柱の上端切り口には専用キャップをかぶせ、雨水の浸入を防ぎます。

棚面の高さは、地面から1・8mが標準的な高さです。自作棚なので作業する人の身長に合わせ、身長より10cmほど高く設定すると作業がしやすくなります。

直交クランプの取りつけには、ラチェットレンチを使うと便利です。2・5mの鋼管を四方に配置し、間口を2・25m四方にしましたが、鋼管をつなぐジョイントを使って連結することもできます。

小張り線　小張り線には軟鉄線はすぐにさびてしまうので、亜鉛メッキかステンレス、被覆線などを用います。太いほうが耐久性があるものの取り扱いにくさがあるので、10番（直径3・2㎜）くらいのものを採用します。

線と線の間隔は45cm。鋼管に巻きつけたり、ドリルで穴を空けたりして線を固定し、ゆるまないように張りつけます。小さなターンバックル（張力を調節する装置）があると、線をゆるまないように張ることができます。

経済栽培の平棚設置

経済栽培されているキウイフルーツ園地では、四隅にアンカーを打ち

図2－6　パイプ棚の組み立て例

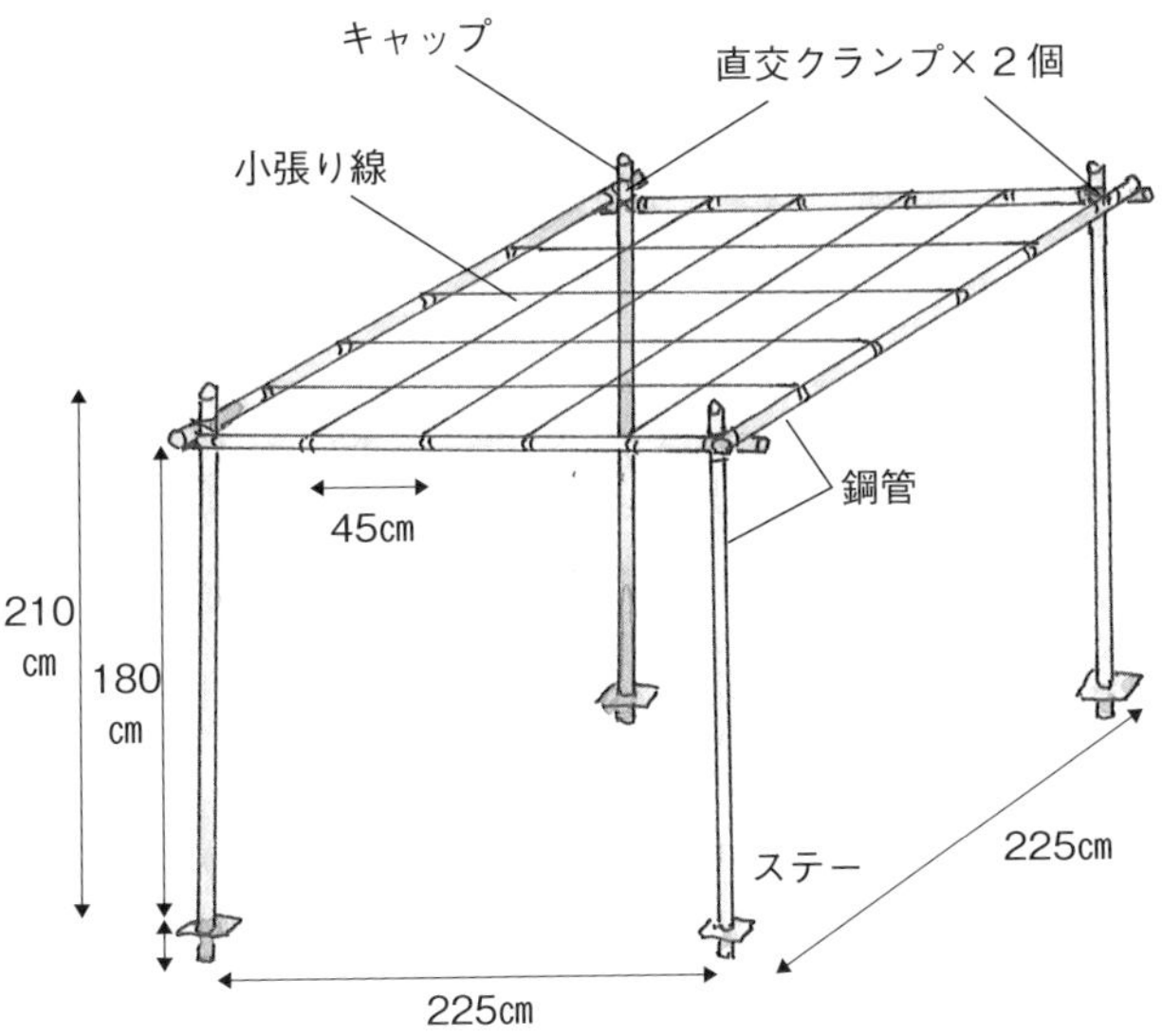

注：①棚の面積は５㎡。45cm間隔で小張り線を張り、固定する
②柱を埋め込まずにコンクリートの土台に設置する方法もある
③出所『図解 よくわかるブドウ栽培～品種・果房管理・整枝剪定～』小林和司著（創森社）

込み、柱を設置した丈夫な棚で栽培しています。生産者でも棚を自分で設置できる人は少なく、多くの場合、専門の施工業者に任せています。

　しかし、近年は材料価格が上昇傾向であるため、棚の施工費は高くなっており、平棚の場合10a（1000㎡）当たり200万円ほどで、このことはキウイフルーツ栽培を始めるさいの課題となっています。施工費を抑えるため、バックホー（小型の掘削機）による掘削が可能な場合は棚を自分で施工する方もいます。

　園の四隅に設置する隅柱は果樹棚の支えとなるものなので、もっとも太いものが使われます。隅柱や周囲柱は、園の中心に向けて斜めに立てます。周囲柱や中柱は通常3〜4m程度の間隔で設置しますが、中柱は園内で使う作業車の回転半径を考慮します（**図2-7**）。

　柱の材質は、コンクリートでも鉄パイプでもかまいません。

　周囲線は果樹棚の外周に張る線で、小張り線を結びつけるので負荷がかかるため、太めのワイヤーとなります。幹線も棚の強度を保つ線で

図2－7　平棚の組み立て例

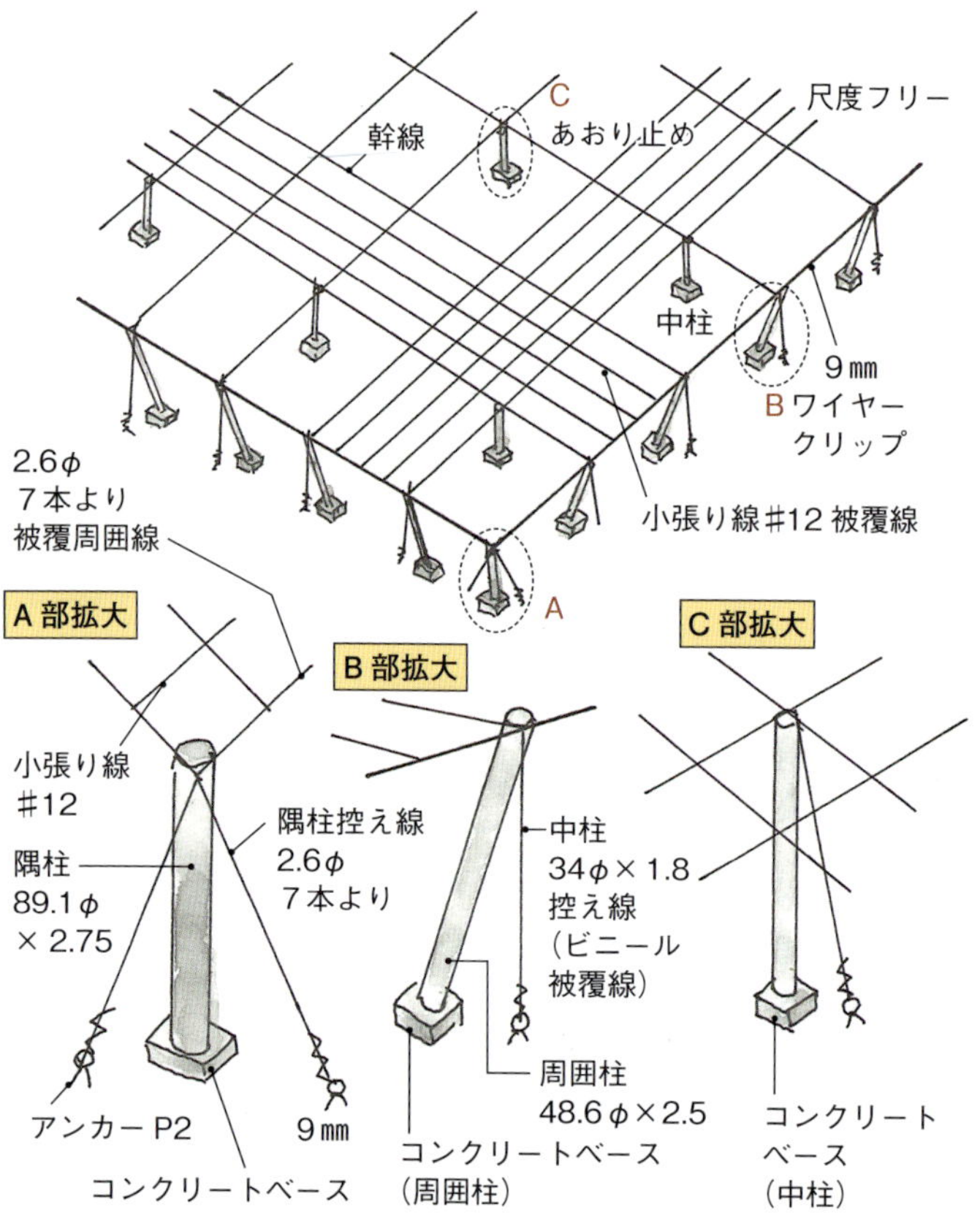

出所：「農業技術大系 果樹編」福井正夫（農文協）

観光農園の平棚

表２－１　平棚 10a 当たりの施設資材

品　名	数量
1　隅柱（直径89.1mm　長さ2.75m）亜鉛どぶ漬け	4本
2　周囲柱（直径48.6mm　長さ2.5m）亜鉛どぶ漬け	42本
3　中柱（直径34.0mm　長さ1.8m）亜鉛どぶ漬け	21本
4　隅柱コンクリートベース	4個
5　周囲柱コンクリートベース	42個
6　中柱コンクリートベース	21個
7　隅柱　ワイヤー止め金具亜鉛どぶ漬け	4個
8　周囲柱　ワイヤー止め金具亜鉛どぶ漬け	42個
9　中柱　ワイヤー止め金具亜鉛どぶ漬け	21個
10　ミニテーアンカー　2号	8本
11　ミニテーアンカー　1号	42本
12　ワイヤークリップ　9mm	24個
13　周囲線　＃14　被覆線	150m
14　幹線　引線　小張り線　＃12　被覆線	3144m
15　あおり止めアンカー　ミニテーアンカー 1号	5本
16　あおり止め線材	26m

注：①ミニテーアンカーは、果樹棚などを大地につなぎ留める打ち込み式アンカー
②出所「農業技術大系　果樹編」福井正夫（農文協）を改変

ワイヤーを使うことが多く、周囲柱の近傍に打ち込むアンカーと周囲柱を連結します。

線と線の間隔を40～50cmとすると、側枝の配置間隔とほぼ一致するのでその後の管理作業がやりやすくなります。

最近はホームセンターで建築関連の資材は充実しており、平棚の材料は比較的容易に入手することができます（表２‐１）。

一人で設置するのはむずかしいので、二人以上で取り組みます。施工費などを検討するため、まずは地域の普及指導センター、JA（農協）、施工業者などに相談してみるとよいでしょう。

棚の設置時期の判断

果樹棚の設置には初期の費用がかかることから、植えつけてから数年後に設置するという方がたまにいます。

しかしながら、キウイフルーツは枝の伸長が早く、設置しないと誘引ができないため、結局切り戻すこととなってしまい、そのぶん成木になるのが遅れてしまいます。また、植えつけ後に棚を設置すると、せっかく植えた苗が損傷する一因ともなります。

これらのことから、棚の設置は植えつけと同時におこなったほうがよいといえるでしょう。

樹体を構成する枝と樹形維持

樹体を構成する枝

一般的におこなわれることが多い平棚を使った2本主枝の一文字仕立てで、樹体を構成する枝について説明します。

樹の構造

主幹は樹の中心となる幹のことで、写真でもわかるように樹のなかでもっとも太く、樹体を支える骨格となります。**主枝**は主幹から分岐した枝で、主幹と同様に樹の骨格となります。**側枝**は主枝から分岐した枝で、結果枝をつけるので結果母枝ともいい、果実を生産する場所となります。

キウイフルーツの場合、側枝は1年で更新することが基本となるので、前年に発生した1年生の枝となります。**結果枝**は側枝から発生し、花が咲き結実させる、その年に発生した当年生の枝となります。整枝・剪定のさいには、枝ごとの役割を頭に入れて管理する必要があります。

主枝の管理にあたって

キウイフルーツには、基部から発生する枝が強く伸長する**負け枝**という現象があります。主幹が当年に発生した枝よりも細くなることはまれですが、幼木期では主枝よりも太い枝が発生することはよく見られます。

基本的に枝の強弱は、主幹がもっとも強くて太く、次いで主枝、側枝の順となります。この順番が逆転すると樹形を乱す原因となります。主枝よりも太い枝が発生した場合は、ただちに切除し主枝の勢力を維持するか、冬季の剪定で主枝を太い枝に切り替えるか、どちらかを選択する必要があります。

主枝の数を多くすると、負け枝が

現れやすくなるとともに、枝の配置が複雑となり、整枝・剪定にかかる手間が多くなります。このため、キウイフルーツは直線状に主枝を配置することが多く、主枝の本数は1本とするオールバック仕立てか、2本とする一文字仕立てとすることが多いです。

　主枝の長さは、仕立て法、品種、土質、樹齢などにより異なるため、一概にはいえませんが、成木のヘイワードの2本主枝の場合、1本の主枝で250cm程度となるようです。

負け枝（途中から発生した左側の枝のほうが太くなっている）

側枝は1年での更新が基本

　ブドウやナシでは、側枝を固定し、結果枝を毎年刈り込む短梢剪定がおこなわれることがあります。

　キウイフルーツの場合、側枝は前年の結果部位よりも基部の芽はきわめて小さく、花芽の分化はほとんど認められません。短い結果枝を切り返しても先端部しか結果枝はつかず、その結果枝も弱いものが多くなります。

短梢剪定

　このため、短梢剪定をキウイフルーツで続けると結果部位は先端に伸びていくとともに、結果枝はどんどん先細りし、最終的には樹形の維持がむずかしくなります。また、短梢剪定では発芽枝の伸長が抑制される傾向があるので、更新する長い枝が確保しにくくなります。

　以上の理由から、側枝は1年で更新することが基本となります。短梢剪定をおこなうのは、更新する長い枝が確保できない場合にとどめたほうがよいでしょう。しかし、その場合でも側枝を続けて利用するのは2～3年までとします。

整枝・剪定の目的、時期と方法

剪定の目的

キウイフルーツ樹を無剪定で放置すると、主幹近傍に太い徒長枝が多数発生し複雑に交錯するようになるため、樹形を維持できなくなります。外側部は弱い枝の発生が多くなります。弱い枝は花数が少なくなるばかりか、結実もしにくくなり、果実は小さくなります。

また、枝数が多くなるため樹冠内は暗くなり、うっそうとするため、害虫の住みかとなり、せっかくのキウイフルーツも嫌われものになりかねません。受粉や防除といった管理もしにくくなってしまいます。

一度、樹がそのような状態になってしまうと、元の状態に戻すのには時間と労力がかかります。整枝・剪定は毎年おこない、整然とした状態にしておく必要があります。

図2－8　枝の切り方

間引き剪定

切り返し剪定

太枝

小枝

樹液流動

剪定の時期

剪定作業は基本的には落葉後から開始します。

枝を切除後、樹液があふれるようだと剪定開始にはまだ早く、静岡県での場合12月中旬～下旬ごろから剪定作業は始まります。作業の完了時期は、根からの水の吸い上げが始まる2月中旬までとします。

枝の切り口から樹液がボタボタ落

図2－9　幼木・若木の剪定（オールバック仕立て）

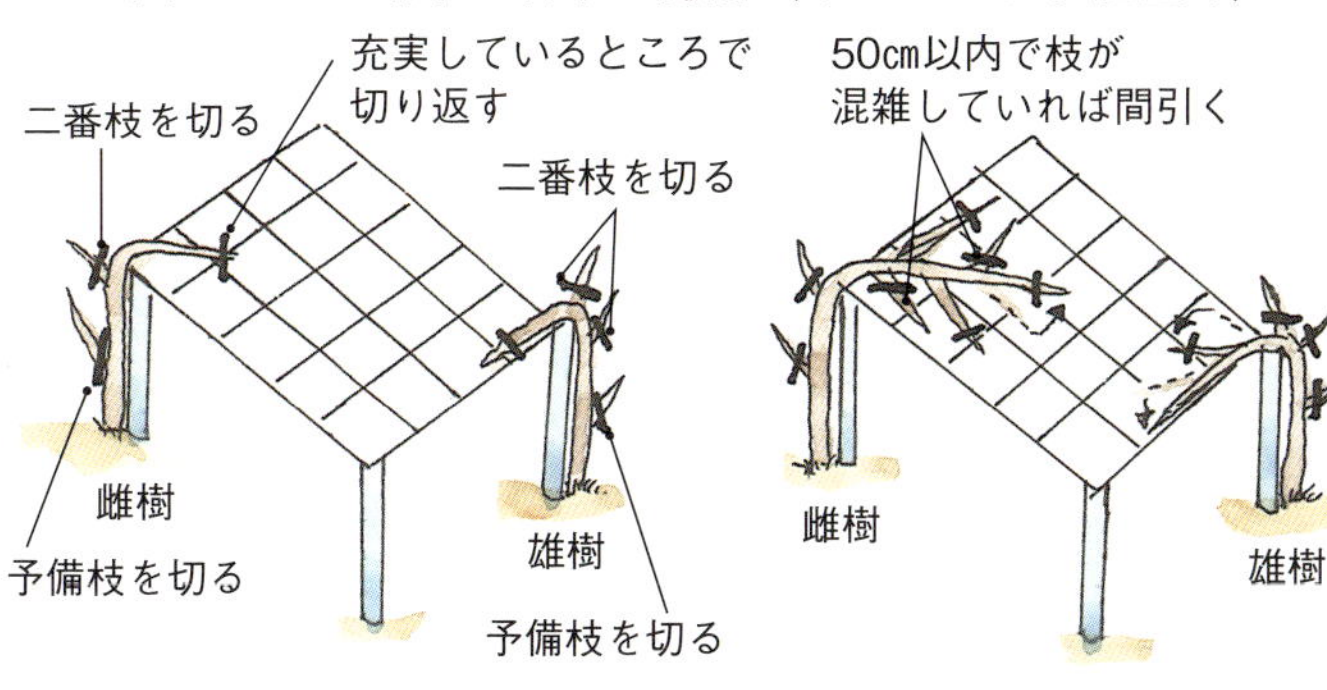

ちる現象はブリーディング（溢泌）といい、根が水分を吸収し幹や枝に送られるためにおこるものです。

ブリーディングする樹液の量は少量なら問題ないのですが、多量だと発芽や発芽後の芽の伸長が悪くなることがあるので、剪定作業の時期には注意します。

枝の切り方の基本

剪定をおこなうさいの枝の切り方には間引き、切り返しの二つの方法があり、太枝、小枝にも切るポイントがあります（図2-8）。

間引き剪定　必要な枝を残し、枝をもとから剪除します。枝数が減り、過度におこなうと樹勢は弱まります。

切り返し剪定　枝を途中で剪除します。翌年、新梢は強く伸長します。

通常、これらの方法を組み合わせて剪定をおこないます。参考までに家庭園芸の場合の棚仕立て（オールバック仕立て）の剪定例を図2-9に示します。

剪定の作業手順

ここでは、平棚を使った2本主枝の一文字仕立てでの剪定例（図2-10）を示します。実際の剪定作業は、以下の手順で進めます。

剪定前作業　主枝や側枝を誘引しているひもを除去。また、枝の先端

誘引によるひもの食い込み

図２－10　一文字仕立ての剪定例

の細い巻きつき枝を切除します。

枯れ枝と主幹・主枝に発生した突発枝の切除　枯れ込んだ枝は基部から切除します。そのあと、夏季剪定時に切除しきれなかった主幹や主枝に発生し、明らかに翌年の側枝として使えないような枝を切除します。

とくに若木の場合、主枝の強弱には留意し、主枝よりも太い枝が発生した場合は、ただちに切除し主枝の勢力を維持するか、冬季の剪定で主枝を太い枝に切り替えるか、どちらかを選択する必要があります。

古い側枝の切除　側枝は2年続けて使わないのが基本なので、まずは側枝の基部に発生した更新候補の枝の位置まで切除します。

誘引作業が完了するまでは、側枝の候補となりそうな枝は、すべてを切除しないようにし、この時点ではある程度残すようにします。

古い側枝を主枝近傍まで切除するさいには、古い側枝の基部を少し残すと、翌年の側枝として陰芽（潜芽ともいい、芽が伸びずにそのままの状態にあるもの）が発生しやすく、

側枝基部の剪除

古い側枝の切除

翌年の側枝の確保につながります。

主枝の誘引　主枝は骨格枝として長年使う枝なので、毎年太くなります。誘引ひもを結束したまま放置すると食い込み、樹勢が弱まる一因となるので毎年誘引し直します。主枝の先端は強めに切り返し、勢いよく伸長するようにします。

側枝の選択と誘引　側枝として都合のよい枝は、大型の芽を持った直径10～15㎜程度の中庸の枝です。じゅうぶんな長さと芽数があれば前年に結実していても問題はありませ

赤みがかり、側枝に適さない

やっとこで側枝を捻る

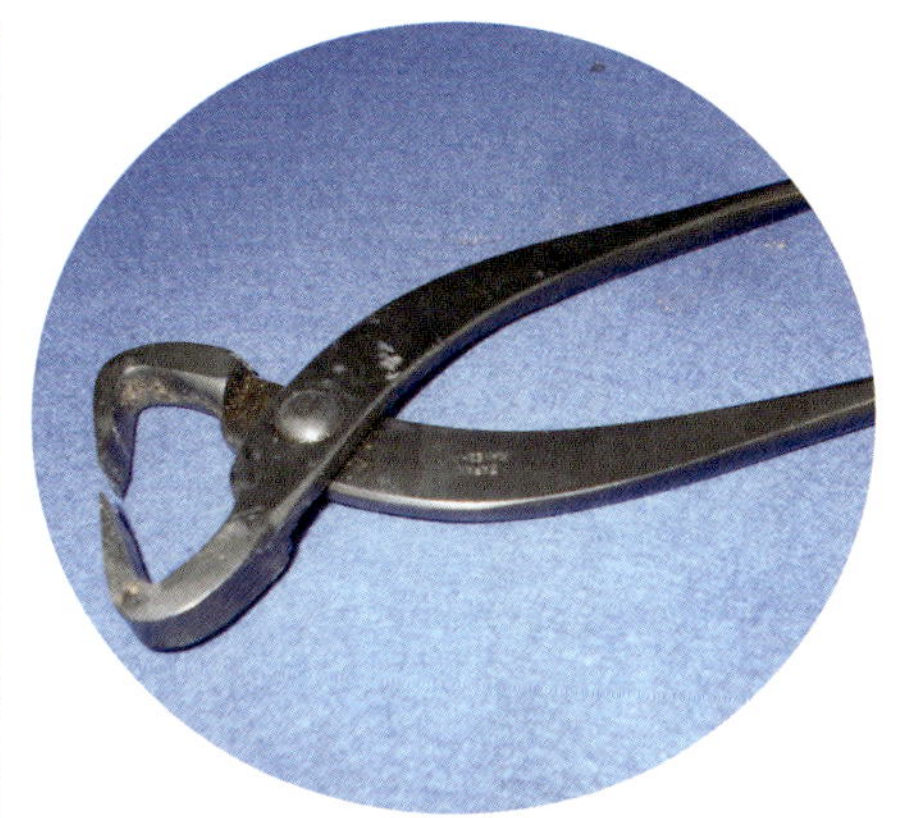
やっとこは誘引、捻枝のさいに便利

ん。しかし、毛じがいちじるしく多く赤みがかっているような枝は、花芽の着生が悪いので、側枝としては利用できないので注意します。

使う側枝を決定したら、誘引します。基部から誘引していくと、折れにくく、また弓なりになりにくいのできれいに仕上がります。側枝になりそうな枝が近傍にないときは、倒しにくい真上に伸びた枝を側枝として使うことがあります。

そのさいは盆栽用の幹割などを用いて枝の伸長方向に割れ目をつくり、捻りながら誘引するようにします。通常の棚栽培では、側枝は約40cmで配置します。側枝の先端は、あまり細いと良好な結果枝は発生せず大きな果実は得られないので、直径1cm程度の上芽で切り返します。

側枝先端の上芽の切り返し

ひもで棚に固定して誘引

太枝切除後、癒合促進剤を塗布

側枝として使わなかった枝の切除 側枝として使わなかった枝や短果枝を切除し、整理します。

剪定後の作業 太い枝を切除した場合、トップジンペーストなどの癒合促進剤を塗布し、早期の癒合を促します。

切除した剪定枝には、病気の原因となる菌や害虫が潜伏しているので、園内に放置しないで集めて園外に持ち出し、処分します。

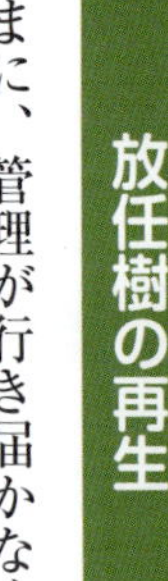

放任樹の再生

たまに、管理が行き届かなくなったためか、枝が込み合い、うっそうとしているキウイフルーツの樹を見

主枝の伸長を促した30年生

放任樹の状態

かけます。

花の量も少ないために果実もほとんど収穫できず、ただうっそうと枝や葉を茂らせているだけです。キウイフルーツは枝の発生が旺盛なので、1~2年でも剪定作業を怠ってしまうと、瞬く間にそのような状態となってしまいます。

そういった樹は、枝が込み合いすぎて、剪定するにもどこから手をつければよいのかわからないという質問はよくあります。そこで、放任樹の再生法について述べます。

主枝をつくり直す

放任樹の大部分は、主枝、側枝の強弱が明確ではなくなっています。この状態で、剪定をおこなっても、どの枝を残すべきかがわかりにくいために、作業がむずかしくなってしまい、ふたたび剪定を怠ってしまう一因にもなります。

したがって、このような場合は思い切って主幹まで強く切り戻し、主枝をつくり直すようにします。

放任樹は根がじゅうぶんに生育しているため、切り返したところからは、翌年強い枝がふたたび伸長します。切り返した翌年は、主枝とする枝以外は積極的に切除し、主枝とする枝の伸長を促します。2年目は、主枝とした枝から側枝がふたたび発生します。3年目には、2年目に発生した側枝に結実します。

このように主幹まで切り戻すと本格的に結実するまでには最低でも2年かかりますが、根はじゅうぶんに生育しているぶん、主枝の伸長も早いので、苗木を新たに植えつけるよりも効率的になることがあります。

発芽から果実肥大までの新梢管理

芽かきの実施

芽かきは貯蔵養分の消耗を防ぎ、棚面に適度な明るさを確保するためにおこないます。

枝や亜主枝の背面、主枝と亜主枝の分岐部、主幹部の下位などから発生する不定芽は不要なので早期に芽かきします。また、側枝では下枝や葉がほとんどなくいちじるしく短い枝からは、品質のよい果実は収穫できないことが多いので、この時点で芽かきします（**図2－11**）。

黄色・赤色系品種では、ヘイワードに比べ発芽が良好なため、多くの枝が発生しますが、そのぶん前記のような不要な枝が数多く発生します。このため、黄色・赤色系品種では、とくに芽かき作業をしっかりおこなう必要があります。

新梢の誘引

キウイフルーツの新梢は4月下旬～5月にかけて急速に伸長しますが、この時期に吹く突風などで基部から折れることが見られます。よく伸びた新梢は翌年の側枝として活用するので、枝折れがいちじるしいと翌年の収量を減らしてしまう一因となります。

また、新梢を立たせたままにすると折れやすいだけではなく、棚面を暗くする原因となります。このことから、とくに翌年の側枝として活用

図2－11　芽かきと新梢の誘引

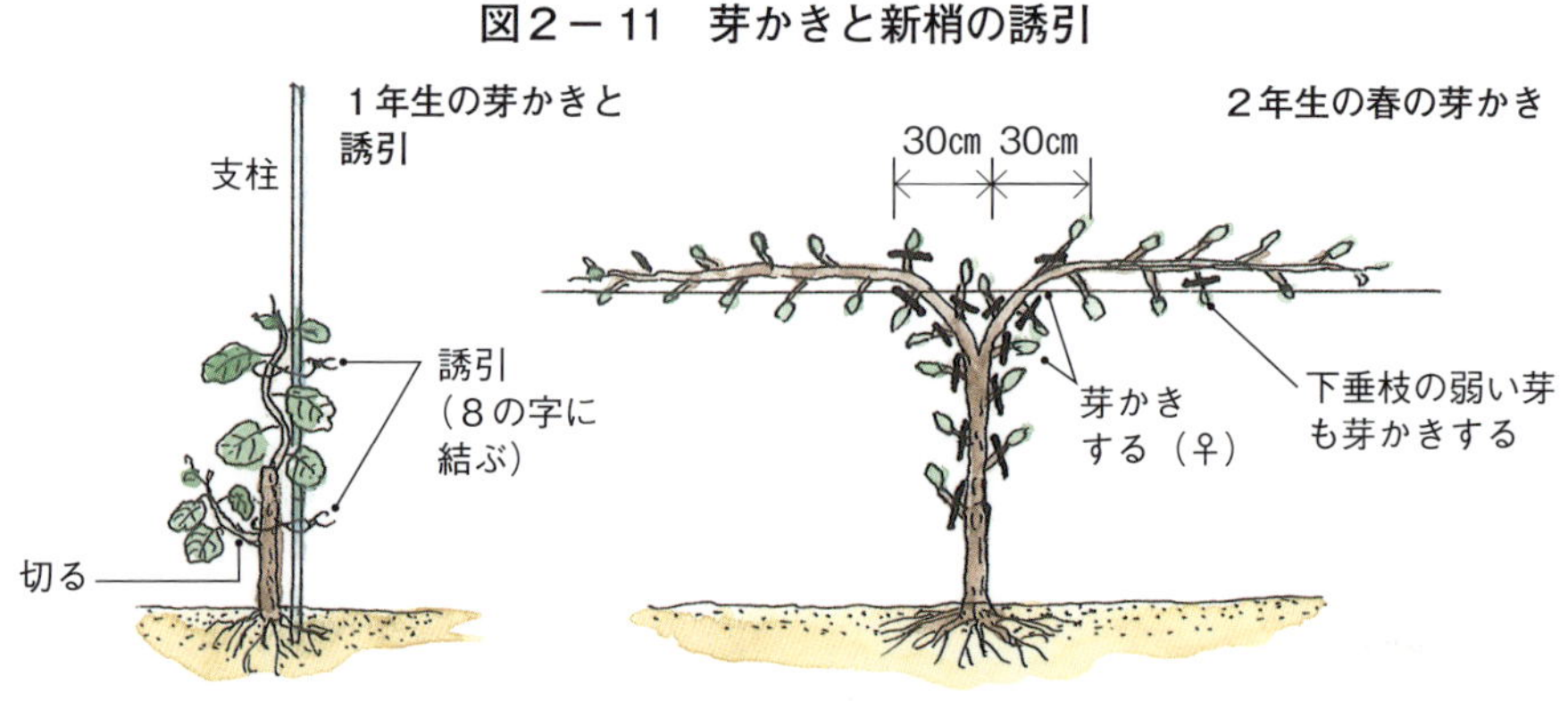

出所：『キウイフルーツ百科』丹原克則編著（愛媛県青果連）

できそうな新梢については積極的に誘引するようにします。

この時期は新梢の基部から先端部までを棚にべったりと誘引するわけではなく、比較的基部を針金や誘因ひもなどを用い、30～45度ほど傾ける程度にとどめます。これだけでも風による枝折れを減らすことができます。また、更新するべき枝をこの時期から決めておくことで、冬季の剪定作業が楽になります。

適正な夏季剪定園地

夏季剪定の基本

夏季剪定のねらい

新梢の伸長は9月上旬まで続くため、夏季剪定を一度もおこなわないと枝葉は込んで園内は暗くなり、8月ごろから下層葉が黄化し、いちじるしい場合は落葉します。

早期に落葉し、収穫時に着葉が少なくなった結果枝では、果実は小玉となり、糖度およびクエン酸含量とも低く、果肉色も薄くなる傾向が見られます。

突発枝も夏季剪定の対象

また、枝葉が込み合うと、果実軟腐病やカイガラムシなどの病害虫が発生しやすくなります。一方で、極端に葉が少なく、果実に直射日光が当たるようになると、日焼け果の発生につながります。

このことから、商品性の高い果実を生産するためには、果実生産に有効な結果枝を適正に管理することが重要となります。

夏季剪定の対象となる枝

夏季剪定は、以下の枝にたいしてそれぞれおこないます。

突発枝　果実生産に直接関係のない着果がない突発枝は、ほとんど必要ありません。翌年の側枝や予備枝としても使えないような突発枝は、無条件に除く必要があります。

側枝として使えない枝の特徴として、枝に毛じがいちじるしく多いことがあげられます。とくに、芽かきで除ききれず、亜主枝の背面、主枝と亜主枝の分岐部、主幹部の下位などから発生した突発枝は、見つけしだい切除します。

巻き枝と副梢　キウイフルーツはつる性なので、強い枝は伸長が弱まると巻きはじめます。

巻きついた枝をそのまま放置すると、冬季の剪定のさいに除去するのに労力がかかります。未展葉の部分を軽く摘心します。強く摘心すると副梢の発生原因になります。

副梢が発生し先端部が巻くようになった場合も随時摘心するようにします。摘心せずに芽を指でつぶすことで、副梢の発生を遅らせる技術もあります。新芽クラッシャー㈱アグリ）という道具を用いると、適切に芽をつぶすことができます。

強すぎる結果枝　一般的に、キウイフルーツは長い結果枝ほど果実が大きくなる傾向があります。しかし、強勢な結果枝は先端を切り返したほうが、果実肥大には有効です。

6月下旬以降もさらに伸長しようとする結果枝を対象にし、その後の副梢の発生を弱めるように軽くおこなうことが大切です。過度におこなうと葉面積が不足し、果実肥大が抑制されるので、注意しておこなう必要があります。

キウイフルーツの適正な葉果比は6程度といわれています。これは果実1個につき、少なくとも6枚の葉が必要ということです。結果枝に果実が2個ついていたら12枚、3個なら18枚必要ということになります。結果枝を切除する目安は、必要な葉の枚数から推定し、必要以上の葉がつかないように切除します。

巻き枝と副梢

強すぎる結果枝

摘蕾で貯蔵養分の浪費を軽減

摘蕾の目的と時期

キウイフルーツでは、葉が展葉して間もない花の生育や開花期は、主に前年に枝や根に蓄えられた貯蔵養分を使って生長しています。

結実させないつぼみを生長させたり咲かせたりすることは、樹にとっては貯蔵養分の無駄な浪費となるので、果実肥大を促進するためにも積極的に摘蕾をおこないましょう（**図2-12**）。

黄色・赤色系品種は1新梢当たりの花数が多いので、しっかりと摘蕾をおこなう必要があります。摘蕾は、手作業で容易につぼみを取り除ける開花1～2週間前ころからおこないます。

摘蕾の実際

キウイフルーツは、伸長した新梢の基部から6～7節目にかけて花ま

花蕾の着生

図2－12　摘蕾のポイント

中心花を残し、左右の側花を摘除

摘蕾

摘蕾前

摘蕾後

たは花穂をつけます。

花穂には、中心部にあり開花が早く大きい中心花（つぼみ）と、中心花の外側についている開花が遅く小さい側花（つぼみ）がつきます。基本的に側花には受粉せず、着果させないので、側花は摘蕾時点ですべて取り除くようにします。

また、中心花でも新梢の基部や先端部に着生しているものは、奇形果や小玉果になりやすいので、取り除くようにします。

作業は、つぼみの状態を確認しながら手作業でおこないます。開花までに1㎡当たり30〜40花蕾程度とします。結果枝単位では、5㎝以上の強い結果枝は4〜6花蕾、逆に5㎝未満の弱い結果枝では1〜3花蕾とします。

適切な受粉により結実を確保

悩みの種である受粉作業

キウイフルーツは雌雄異株の作物であり、雄樹の花粉が雌樹の花に受粉することにより雌樹は結実します。果実に含まれる種子の数は多いほど大玉となり、果実の形も良好となります。

このため、キウイフルーツ生産者は高品質な果実を安定的に結実させるために人工受粉をおこなっており、受粉に必要な花粉は自分で採取したり、輸入花粉を購入したりして確保しています。庭先で栽培する方にとっては生産者と同様のことをおこなうと大きな負担となるため、受粉作業は悩みの種となります。

近年は、溶液受粉の普及や新しい花粉交配器の登場とともに、雄品種についても新品種が開発され、受粉作業の多様化が進んでいます。ここではさまざまな受粉方法について紹介します。

雄枝の高接ぎ

自然受粉のポイント

庭先で小規模にキウイフルーツを

栽培する場合、同時期に開花する雄樹の混植が基本となります。雄樹は雌樹と隣接するように植えれば、とくに人工受粉を施さなくても結実効果があります。

雄樹を植えるスペースが確保できない場合は、雌樹の一部に雄枝を高接ぎしても同様の効果が得られます。写真の例のように、雌樹の比較的中央部に雄枝を高接ぎし、1枝だけでも配置すれば、効率的に自然受粉させることができます。雄枝の高接ぎによる自然受粉は園地を有効に活用できるのでおすすめです。

自然受粉の重要な点は、受粉させる雌品種と同時期に開花する雄品種を選択することです（**表2-2**）。開花期がずれた雄品種を選択すると受粉効率は低下してしまいます。

自然受粉では、雄樹からの距離が近くなるほど受粉効果は高くなります。また、ミツバチなどの訪花昆虫がたくさん訪れるとより受粉効果が高くなるので、可能であれば巣箱を園内に配置するとよいでしょう。

一方で、自然受粉の効果は天候に左右されやすく、開花期に雨天が続いたり、低温に遭遇したりすると低下することには留意してください。

表2－2　主な品種と自然受粉に適した雄品種

倍数性	主な品種	適した雄品種
2X	レインボーレッド、香川UP－キ1～5号、Hort16A、静岡ゴールド	にじ太郎、極早生雄
4X	ZESY002、さぬきゴールド、東京ゴールド、甘うぃ、魁蜜、さぬきエンジェルスイート	さぬき花粉力、孫悟空
6X	ヘイワード、香緑	トムリ、マツア

図2－13　人工受粉の例

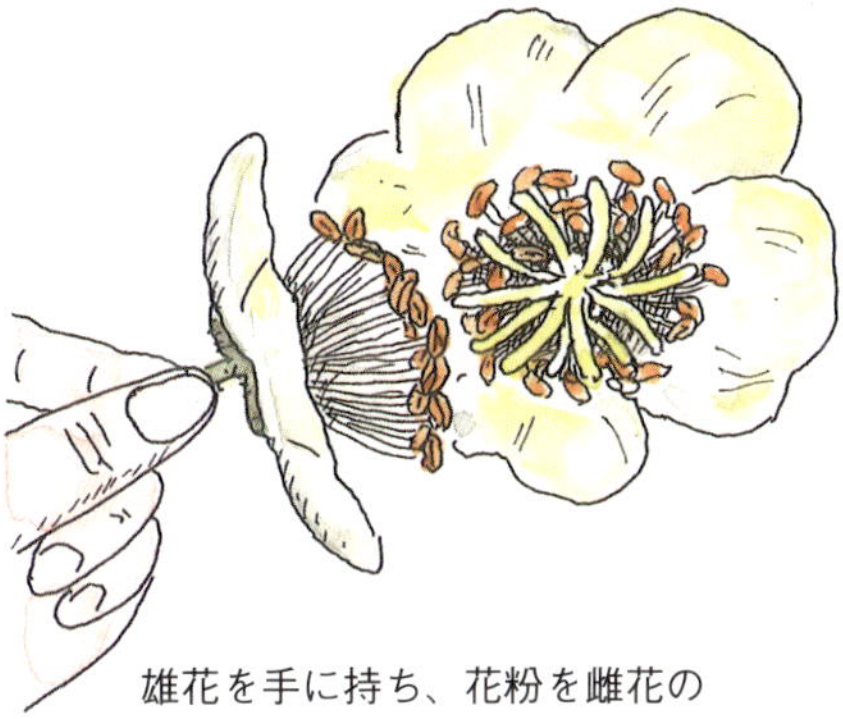

雄花を手に持ち、花粉を雌花の花柱（雌しべ）につける

簡便な人工受粉

自然受粉では結実がうまくいかない場合、また、果実の大きさをよりそろえたい場合には人工受粉をおこなう必要があります（**図2-13**）。

もっとも簡便におこなえる人工受

表2－3　受粉方法の比較

受粉方法		人工受粉にかかる作業労力	人工受粉で使用する花粉量	特徴
粉末受粉	梵天・手動ポンプ式交配機	多	少	・梵天は作業時間が多く、手動ポンプ式交配機は疲れやすい ・電動式交配機は作業時間が短いが導入コストは高い ・受粉作業の確認がむずかしい
	電動式交配機	少	中	
溶液受粉		少	中（6倍体品種） 多（2、4倍体品種）	・雨天でも実施できる ・受粉作業の確認が容易

粉の方法は、開花後間もない雄花を採取し、雌花にかぶせるように接触させることです。だいたい一つの雄花で約10個の雌花に受粉させることができるといわれています。

経済栽培の人工受粉

粉末受粉は、花粉を石松子（せきしょうし）（ヒカゲノカズラの胞子）などの粉末増量剤で希釈して、受粉する方法です。受粉器械は、梵天、コロンブスなどの手動ポンプ式交配機、ポーレンダスターなどの電動式交配機があります。それぞれの器械に特徴があり、作業時間や使用する花粉量は異なります。

受粉方法および器械の特徴について**表2-3**にまとめたので、参考にしてください。

粉末受粉の特徴

作業時間は梵天がもっとも多く、次いで手動ポンプ式交配機で、電動式交配機はもっとも少なくなります。電動式交配機の作業時間は溶液受粉と同程度ですが、導入には比較的高額の費用を要します。手動ポンプ式交配機は握りポンプ式で手軽に噴射できますが、噴霧のときに握力を要し、作業が続くと辛いとの声もあります。梵天は握力などを要しませんが、作業時間が長くなります。

花粉の希釈倍率は10倍でおこなうことが多いのですが、一度に10倍量の石松子に希釈せず、3回程度に分けて希釈するようにします。粉末受粉の場合、受粉時の天候さえ良好であれば、種子数は安定的に確保できますが、受粉後3時間以内に強い降雨があった場合にはやり直したほうがよいでしょう。

粉末受粉は、風が強い日には効果が落ちたり、雨天時には実施できないといった短所もあります。また、開花期間中に作業を終えた花かどうかを判断しづらいといったこともあります。

溶液受粉の特徴

溶液受粉は、糖類などが含まれる液体増量剤に花粉を混ぜ、ハンドスプレーで花に噴霧し受粉させる方法です。

受粉作業を省力的におこなえるとともに、雨天でも実施でき天候に関係なく作業がおこなえます。粉末受粉と比べ、花弁も着色するため、開花期間中に作業を終えたかどうかの判断が容易です。

受粉作業の実施

使用する花粉は、前日から解凍するようにしておきます。

適切な解凍処理をおこなうことで冷凍保存した花粉でも発芽率の低下をある程度抑えることができます。

キウイフルーツの開花期間は、品種や開花期間により異なりますが、開花始めから開花終わりまで1週間程度、さらに一つの花では2日程度で終わってしまいます。このため、受粉は開花期間中できれば毎日、少なくとも1～2日おきには実施したほうがよいでしょう。

作業は雌しべの柱頭粘液の分泌が多い午前中におこなうと花粉の付着がよくなるので、より高い受粉効果が期待できます。作業は、粉末受粉の場合は柱頭が石松子でほのかに染まる程度に、溶液受粉では花粉を混ぜた液が柱頭にしっかりと付着するようにし、ていねいにおこないます。

人工受粉の方法

梵天による受粉

手動ポンプ式交配機での受粉

ハンドスプレーによる溶液受粉

受粉直後の花の状態

花粉の採取・貯蔵のポイント

雄花(トムリ)

見直される自家採取

花粉を効率的に採取するには、採葯器などの専用器械が必要なため、庭先で小規模に楽しむ方にとっては手軽におこなうことはむずかしいでしょう。

しかし、キウイフルーツ生産者にとっては、輸入花粉の価格は近年高騰しているため、花粉を自分で採取することが見直されています。また、花粉を自家採取するようになると、採取した花粉の発芽率を調べる必要も出てきます。

花粉の採取・精製

明日咲きそうな風船状のつぼみから多くの花粉が取れます。硬いつぼみには充実していない花粉が多く、逆に開花が進み、葯の黄色が薄くなってしまった花には花粉が少ないです。最適なものを採花しましょう。

採花後、長時間袋などに詰め込んだ状態のままにしておくと、蒸されて濡れた状態となり、発芽率低下の一因となります。採花したら、ただちに採葯器にかけ、葯を採取します。ピンセットなどを用い、手作業で葯を分離することもできますが、採葯器がないと煩雑となります。採葯後は葯を薄く広げて乾燥させ、開葯します。

開葯作業は通常、開葯器という温度を制御できる器械を用い、20~25℃に設定し、12時間程度処理しておこないます。開葯は葯を乾燥できれ

風船状のつぼみ

ばよいので、湿度の低い室温下でおこなったり、ホットカーペットを使っている生産者もいます。

　長時間の開葯は発芽率の低下につながるので注意しましょう。

花粉の貯蔵

花粉貯蔵のポイント

　開葯後は、80〜120の網目のメッシュのふるいにかけて花粉を精製し、夾雑物を取り除きます。精製後は5〜10g程度に小分けし、薬包紙などに包みます。湿気を防ぐため、シリカゲルなどの乾燥剤とともに茶筒などで密封します。

　貯蔵温度は、その年に使う場合は5℃で貯蔵し、翌年のために花粉を長期貯蔵する場合はマイナス20℃の冷凍庫に保存します。

　冷凍保存後は、徐々に発芽率は低下していくので、保存1年後には使用するようにしましょう。

花粉発芽率の調査

　1年以上貯蔵している場合や停電などで貯蔵庫内の気温が上昇した場合は、花粉の発芽率が低下している可能性があります。受粉作業の前には、花粉の発芽率をチェックしたほうがよいでしょう。

　花粉の直径は20μm（マイクロ）程度で、顕微鏡の倍率は150倍程度で観察できます。発芽率が50％以上ならば、実用上問題ありません。いちじるしく低かった場合は、受粉のさいに増量剤の希釈倍率を低くするといった調整や、発芽率が保証された花粉を事前に購入しておくといった対策が必要となります。

花粉の発芽

花粉の採取・精製

採葯器に入れ、葯を採取

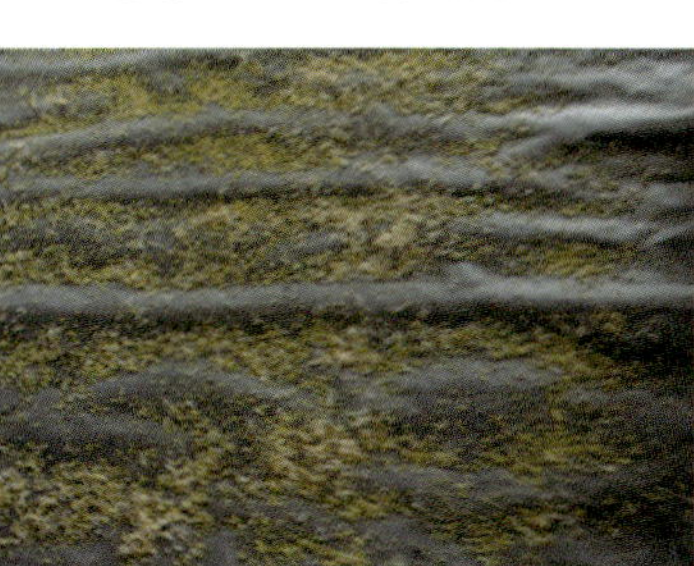
葯を薄く広げて乾燥

ふるいにかけて精製

摘果でスムーズな肥大促進

摘果の目的と時期

キウイフルーツの果実は受粉後急激に肥大し、受粉2か月後には収穫時の7割程度の大きさにまでなるといわれています。また、キウイフルーツは、柑橘やカキのように生理落果することがほとんどありません。

このため、摘果をおこなわないと、樹上でそのまま着果し続けることとなります。**表2‐4**に結実量の違いが果実品質に及ぼす影響について記載しました。

これを見ると、結果枝当たりの果実数が多いと果実は小玉となり、糖度もあまり上がらないことがわかります。大きくて甘い果実をつくるためには、摘果をおこない適正な着果量に調節する必要があります。

どんな果樹でも摘果は原則として、早期におこなうほど効果が大きいのですが、とくにキウイフルーツの場合は上記のような特性を持つので、早期に実施します。受粉2週間後には、果実の大きさや形の差が明確となるのでそのころから開始し、少なくとも受粉後1か月以内には終わらせたほうがよいでしょう。

手作業で摘果

表2－4　1結果枝当たりの着果量が果実品質および収量に及ぼす影響

（品種レインボーレッドの場合。2003年　静岡県果樹研究センター）

1結果枝当たり着果数	果実重（g）	追熟後の果実品質			㎡当たり着果数	70g以上の果実割合（%）
		糖度	クエン酸（%）	果肉の赤み		
1果	86	19.3	1.2	2.6	6.9	61.0
3果	65	17.0	1.3	2.3	22.2	28.0
5果	64	15.8	1.4	2.0	34.7	24.8

注：果肉の赤み＝3：赤色が強い、2：中、1；弱い、0：なしの4段階評価

着果量の決定

着果数の目安にはさまざまな方法がありますが、一般的には葉果比が用いられます。これは、1果当たりに必要な葉数ということで、キウイフルーツの場合は6程度とされています。しかし、樹勢や樹齢により葉の面積は異なるうえに、摘果のさいに葉の枚数を数えるのは容易ではありません。そこで、摘果時の結果枝の長さから着果量を決定します。

1結果枝当たりの着果量は、品種により異なります。ヘイワードの場合、10～30㎝の短果枝では1～2果、30㎝以上の中長果枝では3～5果とし、1㎡当たり25果を目安とします。レインボーレッドなどの黄色・赤色系品種では、1結果枝当たりの着蕾数が多いので、着果過多になりがちです。そこで、1結果枝当たりの果実数は多くても3個までとし、着果過多にならないよう注意します。

摘果

摘果前

摘果後

図2－14　摘果の対象果実

帯状果

扁平果

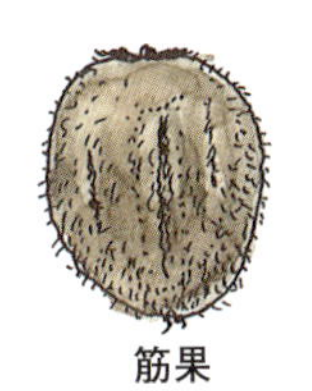

筋果

受粉不良果

摘果の方法

着果量を決定したら、摘果作業をおこないます。受粉がうまくいかなかったために生じた明らかな奇形果やいちじるしい小玉果などは摘果します（**図2-14**）。

この時点で明らかに傷がついているものや病害虫の被害が見られる果実も摘果します。摘果の時点で果実の形が悪いものも、この時期以降に大きく改善することはないので、それらも摘果するようにします。

果実の大きさについては、摘果の時点で大きいものを残すようにします。摘果作業は、手でもおこなうことができますが、摘果ばさみを使うと結果枝や果実の果梗部を傷つけることなく、作業を進めることができます（図2-15）。

図2－15　摘果のポイント

小玉果、奇形果などを摘果

袋がけ

ナシ、リンゴ、モモなどでは果実に袋をかける袋がけが一般的におこなわれています。袋がけの目的は、雨や風、害虫から果実を保護することです。また、袋がけをおこなうことで農薬を散布しても果実には直接かからなくなります。

キウイフルーツでは、袋がけをおこなうことにより、雨水による汚れや風による傷が少なくなり、日焼けも防止できるため、果面が非常にきれいに仕上がります。また、カメムシによる吸汁害もある程度防ぐことができます。農薬を使うことなく、害虫を防ぐ方法の一つなので、農薬を使いにくい家庭園芸ではおすすめできます。

果実の袋がけ

一方で、キウイフルーツは比較的病害虫に強く、袋がけには多大な労力が必要となるため、生産者で袋がけをおこなっている方は比較的少ないのが現状です。

袋がけに用いる果実袋は、農業資材メーカーから品目ごとに販売されており、キウイフルーツ用の果実袋も商品化されています。新聞紙などで自作することもできますが、撥水効果は低くなります。袋がけの時期は摘果完了後、防除を一度実施してからおこなうのが一般的です。

水やりと土壌管理のポイント

キウイフルーツの根圏

キウイフルーツの成木での細根の分布は、地面にたいする水平方向では主幹から直径1ｍの範囲に約7割、1～2ｍの範囲に約3割で、2ｍ以降にはほとんどなく、地下部については10～40㎝以内に9割以上が分布しているといわれています。

樹の根圏は浅く狭い

土質や樹齢などにより違いはありますが、キウイフルーツの樹の根圏は狭く浅い範囲に集中しているといえます。

水管理は土壌から

キウイフルーツの根圏は浅く狭いため、乾燥に弱い反面、排水不良であると根腐れ細菌病をひきおこしがちです。つまり、キウイフルーツにとって好適な土壌とは、保水性がある一方で、排水性が良好である、と相反することが求められるため、むずかしいものとなります。

筆者のこれまでの経験では、肥料不足でキウイフルーツが生育不良となることはほとんどなく、排水不良や灌水不足といった水管理が不適切であるために生育不良となることが大部分です。このことから施肥より、水管理を重視したほうがよいでしょう。

好適な土壌条件であれば、水管理は比較的容易になることが多いので、土壌条件を整えることが重要となります。

土壌管理の基本

土壌の排水性をよくするには、植えつけ時に植えつけ位置から深さ50㎝程度までは深く耕し、地下水位を根圏以下にするようにします。

また、地表面に排水できる溝をつくることも有効です。とくに水田転換園や水たまりができやすい園地については、これらを積極的に実施し、降雨後は速やかに排水できるようにします。

土壌の保水力を高めるには、草生栽培、株元への敷きわらマルチ栽培、堆肥の施用などが有効です。

草生栽培

草生栽培とは、果樹園に下草を生やし園地を管理する栽培法で、下草の根の伸長は、土壌の物理性を改善するため保水力が向上し、枯れたあとは有機物の補給につながります。

草種にはさまざまなものがありますが、冬から夏にかけて生育するものが望ましく、雑草でもかまいません。草丈があまり高くなると養水分の競合がおこるため、草丈が膝より高くなったら刈るようにします。草種にもよりますが、年間で4〜5回程度刈ることとなります。成木になると地面は日陰となり、それほど伸びなくなるので回数は減ります。

敷きわらマルチ栽培

敷きわらマルチ栽培とは、樹の株元を敷きわらや刈り草などで被覆する栽培方法で、保水力向上や雑草の抑制などの効果があります。

堆肥の施用

堆肥の施用は10a当たり1〜2t程度とし、完熟のものを用いるようにします。堆肥は表層に散布するようにします。

水やりのタイミング

灌水のタイミングは、園地の土質やその年の降雨量により変わるので、判断がむずかしいものです。

しかし、葉が巻いたり、葉がしおれてから灌水するのではタイミングは遅くなります。とくに幼木期は根の発育が不じゅうぶんなので、夏場の灌水不足は枯死につながることもあるため注意する必要があります。

1回の水量はたっぷりと、雨量にして樹冠下に10㎜程度を与えます。庭先栽培ではホースの先にノズルを

草生栽培

敷きわらでマルチ

堆肥を施用

パイプ灌水

表2－5　生育ステージ別の灌水基準

生育ステージ	時期	灌水の頻度
発芽前	3月上旬	週に1回
発芽期	4～5月	5日に1回
開花2～3日前	5月	かならずおこなう
果実肥大期	6月	基本的におこなわない
	7～9月	5～7日に1度

注：「農業技術大系　果樹編」坂本徹哉　2013年（農文協）を改変

つけ、水道水を散水します。参考までに**表2・5**に生育時期別の灌水回数を記載しています。

スプリンクラー灌水

施肥の考え方

先述しましたが、キウイフルーツの自生地は落ち葉の有機物や腐食が集まる肥沃な場所です。

このことから、植物や動物、または動物の排泄物などの生物由来のものを原料とした有機物肥料の施用を基本にするとよいでしょう。また、有機物肥料の施用は、キウイフルーツにとって重要な保水性を向上させることにもつながります。次頁の**表2・6**と**表2・7**に静岡県におけるキウイフルーツの施肥基準を記載しましたので、参考としてください。

施肥量は、窒素量を基準として決定します。なお、有機物肥料は未熟なものを用いると、白紋羽病などの発生原因となるので、完熟のものを施肥するようにしましょう。

施肥の方法

元肥は、根の生育が低下する10月下旬以降に施肥します。前述のように、キウイフルーツの根圏は狭く浅いので、主幹の根元に近い地面の表層を中心に施します。

化成肥料を施肥する場合、高濃度の肥料成分による根の障害である肥

表2－6　樹齢別施肥量（10a 当たり）

樹齢	年間成分（kg）		
	窒素	リン酸	カリ
幼木 2～3年	6	4	4
若木 3～5年	14	8	10
成木 6～7年以上	20	12	16

表2－7　時期別施肥量（成木）

施肥時期	窒素	リン酸	カリ
4月上旬 （春肥）	kg 8	kg 6	kg 6
10月下旬 （秋肥）	12	6	10
計	20	12	16

堆肥1～2t　（10a 当たり）

料焼けをしやすいので注意が必要です。肥料焼けをおこすと、根から水分が失われてしまい、しなびた状態となってしまいます。化成肥料を用いるさいは、緩効性のものを用いる、1回の施肥量を少なくし施肥回数を多くする、降雨前に施肥する、といったことで肥料焼けを防ぐことができます。

土壌pH

キウイフルーツに好適な土壌pHは弱酸性である5・5～6・5です。日本の土壌は酸性に傾いているので、矯正することは比較的少ないといえます。しかし、土壌pHが5・0より低くなるようなら、土壌診断を適切におこなったうえで石灰質資材を施用することで矯正する必要があります。

根元周辺に肥料を施す

除草剤の散布には注意

園地を管理するため、除草剤で下草を枯らすことがあります。

キウイフルーツは根が浅く除草剤の影響を受けやすい性質があります。とくに幼木期は根が浅く、不じゅうぶんであるので除草剤の影響を受けやすく注意して散布する必要があります。使用する場合は、少なくとも根圏がある主幹に近い範囲には使わないほうがよいでしょう。

樹の株元での除草は、手刈りでおこない、刈った草でそのままマルチします。

大玉果の生産にあたって

環状剝皮の処理

環状剝皮は、樹の師管部を剝ぎ取り、葉の同化産物が地下部へ転流するのを妨げ、果実へ分配を促す技術です。多くの果樹類で果実肥大促進、糖度向上、熟期促進などに効果があり、一般的な技術として広く普及しています（図2－16）。

キウイフルーツでは、果実肥大を目的とする場合は開花30日後までにおこないます。処理方法は、処理する部位によって異なります。

主幹や主枝に処理する場合は、ナイフなどを用い5㎜程度の幅で処理する枝の周囲を1周回して切っていき、そのあとはマイナスドライバーなどを使って切った部分を取り除きます。側枝に処理する場合は、環状剝皮用の専用のはさみであるグリーンカット（㈱アグリ）を用いると容易におこなえます。

ヘイワードでは、主幹に環状剝皮をおこなうことが多いですが、レインボーレッドで同様に処理すると、剝皮部が癒合しません。このため、

図2－16　環状剝皮のポイント

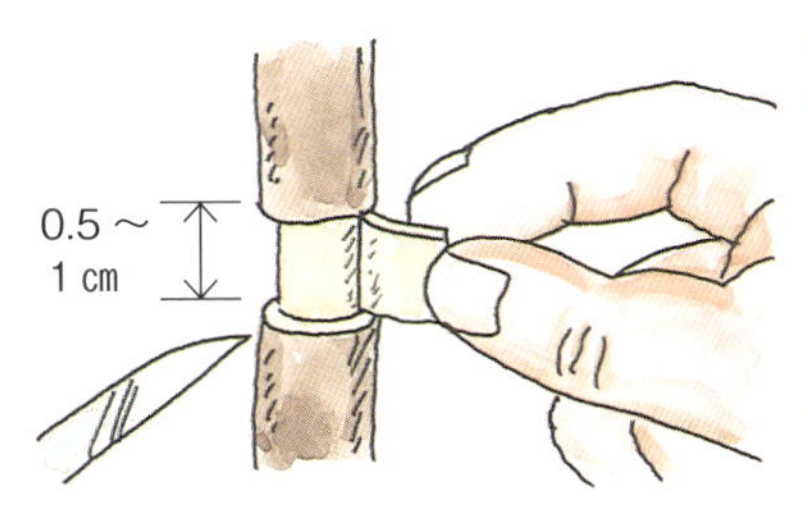

幹や枝の一部におこなえる

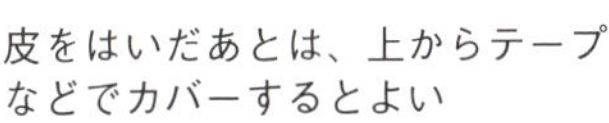

ナイフで表皮に切り込みを入れ、
表皮をぐるりとはぐ

皮をはいだあとは、上からテープ
などでカバーするとよい

出所：『家庭で楽しむ果樹づくり』
大坪孝之著（家の光協会）

環状剝皮用はさみ（グリーンカット）

レインボーレッドで環状剥皮をおこなうさいにはかならず側枝に処理しましょう。

処理後は剥皮部をテープで被覆すると、傷口の乾燥や雑菌の侵入を防いで癒合は促進されます。

環状剥皮には、花腐れ細菌病にたいする防除、糖度向上にたいする効果もありますが、処理時期がそれぞれ異なります。

花腐れ細菌病の防除を目的とする場合は、3月から4月にかけての発芽後から花蕾の萼（がく）割れ期に、糖度向上の場合は8月下旬に処理します。環状剥皮処理はねらいに反して樹勢の低下や新梢伸長が抑制することもあるので、新梢の伸長に勢いがなくなったと感じたらやめたほうがよいでしょう。

フルメット剤で浸漬処理

フルメット剤による奇形果

フルメット液剤による処理

キウイフルーツの果実肥大促進については、植物調節剤フルメット（協和発酵バイオ㈱）が農薬登録されており、大玉果生産がおこなえます。開花20～30日後に1～5ppmを浸漬（しんせき）処理します。ヘイワードをはじめ多くの品種で果実が大きくなります。

しかし、レインボーレッドや魁蜜などに処理すると、果実は肥大する傾向が見られるものの、果実が奇形となったり、収穫時期が早くなったりすることがあります。

このように、黄色・赤色系品種では品種により効果に違いがあることから、これらに処理する場合には事前に効果を確認しておく必要があります。

収穫適期と収穫の方法

適期収穫の重要性

キウイフルーツは成熟期となっても外観の変化は小さいので、収穫期の判断はむずかしいです。一方で、果実内容は成熟期に近づくにつれて変化し、糖度は上昇し、酸含量は低下します（**図２－17**）。果肉色も濃くなっていき、黄色・赤色系の品種ではより顕著です。

成熟果を収穫

果実の糖度が一定以上となったら、いよいよ収穫となります。次頁の**表２－８**に収穫時期の違いが果実品質や追熟日数に及ぼす影響について示しました。収穫時期の違いにより、追熟後の果実品質や追熟までの期間が短くなることがわかるかと思います。

収穫が早すぎると、糖度はじゅうぶんに上がらないため食味は低下し、果肉色は薄いものとなります。収穫が遅すぎると、糖度は上がり果肉色は濃くなるので、品質は良好となりますが、貯蔵性は低下します。

このため、状況に応じた収穫時期の判断が重要となります。庭先果樹で長期間貯蔵する必要のない場合は、収穫時期を若干遅くしたほうが追熟期間を短くでき、糖度を高くできるのでよいでしょう。一方で、生産者の方で長期間販売したい場合は、貯蔵期間を長くするため、適期

図２－17　樹上での果実品質の変化

糖度　酸
糖度：4、8、12
酸（g/100mℓ）：1.0、1.2、1.4、1.6、1.8
満開後の週数：20、25、30
調査日：9/17、10/2、17、31、11/11、20、12/8、22

品種：ヘイワード

表２－８　収穫日の違いが収穫時と追熟後の果実内容に及ぼす影響

収穫日	収穫時			追熟後			追熟に要する日数
	硬度（kg）	糖度	クエン酸（%）	硬度（kg）	糖度	クエン酸（%）	
8月31日	3.27	6.3	1.77	0.57	18.0	0.63	9
9月10日	3.19	7.7	1.91	0.45	18.8	1.05	7
9月20日	3.06	8.3	1.98	0.47	20.3	0.98	5
9月30日	2.93	11.3	1.94	0.51	20.7	0.75	5
10月10日	2.84	13.1	1.56	0.48	21.1	0.84	4
10月20日	2.57	17.4	1.71	0.47	21.7	0.84	4

注：品種はレインボーレッド

収穫がより重要となります。

収穫の目安である糖度測定

糖度はその年の気象条件や園地により異なるので、例年の収穫時期の約1か月前から10～15日間隔で採取・分析し、収穫適期を判断しましょう。追熟前のキウイフルーツの果汁にはデンプンが多く含まれ、これをそのまま糖度計で測定すると低い値となるため、正しい糖度が測定できません。

このことから、糖度分析は以下の手順でおこないます。果実の赤道部2㎝幅を採取し、おろし金などでおろして、果汁をしぼります。この時点の果汁にはデンプンが多く含まれ、このままでは糖度計で値が読みとりにくいので、ガーゼもしくは濾紙で濾過後に測定します。

定期的に糖度を測定し、7度を超えたら収穫できます。遅めの収穫でも9度以上で収穫すると、食味がボ

レインボーレッドの結実

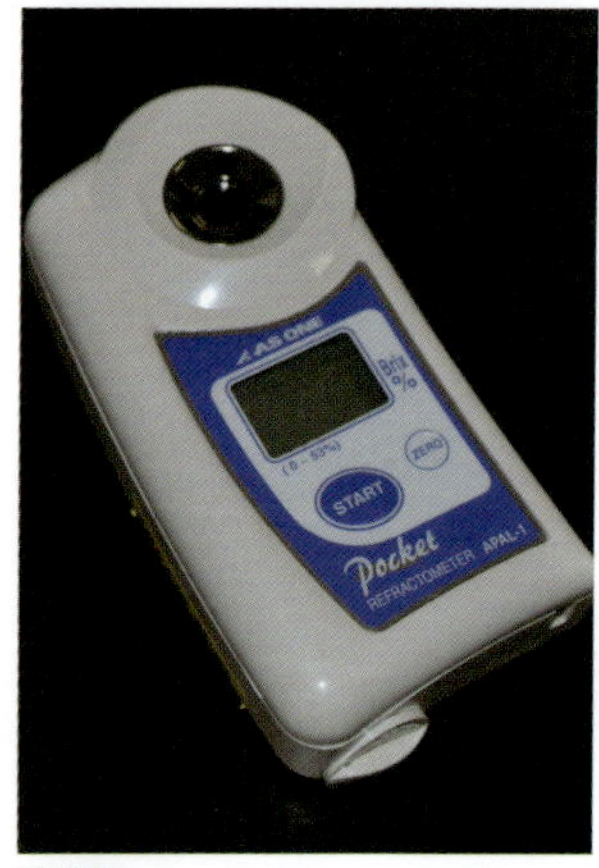

糖度計

収穫した果実を収穫袋に入れる

手作業で収穫

ケぎみになります。このため、7～9度の範囲内で収穫するのが望ましいでしょう。

収穫の方法

キウイフルーツの場合、収穫日を決定したらその日にいっせいに収穫するのが一般的です。このため、ほかの果樹のように1果ずつ適期を判断することがないので、収穫作業は比較的短時間で終えることができます。このことはキウイフルーツ栽培の長所の一つです。

観光農園での味覚体験

収穫は雨天を避け、晴天日におこなうようにします。これは、果実がぬれると貯蔵中に果実にカビがついてしまう一因となってしまうためです。収穫は手袋をつけ、手作業でていねいにおこないます。果梗部に親指をつけ、果実を手前に引きながら親指を押し込むようにすると、手作業でも果梗部と果実部分を容易に離脱でき、きれいに収穫できます。果実を落としたり、傷つけたりしないようにしましょう。果実が傷つくと貯蔵中に軟化が進んだりします。

収穫作業は、果実の温度が高くならない午前中までには終えるようにします。小玉果、傷果、変形果などは区別して収穫し、とくに軟化した果実は貯蔵庫に混入しないようにします。

果実の貯蔵管理をめぐって

貯蔵とエチレンの関係

キウイフルーツは収穫後の貯蔵管理が果実品質に大きく左右します。キウイフルーツの貯蔵や追熟をうまくおこなうには、エチレンと追熟との関係についてよく理解する必要があります。

エチレン処理による作用

エチレンは植物ホルモンの一種で、自然界にも存在する気体です。エチレンは植物にたいしてさまざまな作用がありますが、その一つに果実を成熟させる作用があります。果物にはみずからエチレンを発生して熟していくものがありますが、キウイフルーツは傷や果実軟腐病にかかった果実を除けば、基本的には自分でエチレンを生成しません。

しかし、外からのエチレンにたいしては敏感に反応し、連鎖的にみずからエチレンを生成するようになり追熟していきます。このため、市販されているキウイフルーツは、追熟するようエチレンを処理してから出荷されています。

エチレンのコントロール

追熟させるためにはエチレンが必要な反面、貯蔵中は果実を熟させてしまうように働くエチレンは不要です。このため、貯蔵中は逆にエチレンを除いたり、その作用を弱めてやるといったことが必要となります。

このように、キウイフルーツをうまく追熟させたり、貯蔵したりするにはエチレンをコントロールする必要があります。

エチレン処理をしない果実は時間の経過とともに果肉は軟らかくなりますが、果芯部に硬さが残ることがあり、香りも乏しいので、食味は劣ります。おいしい果実にするためには、やはりエチレン処理をおこなう必要があるでしょう。

貯蔵の方法

経済栽培では、収穫後はすみやかに貯蔵庫に搬入します。貯蔵箱は浅いもの（深さ20㎝以内）を用い、果実は2～3段で詰めます。果実の蒸散による果皮のしおれを防ぐため、厚さ0・02～0・05㎜のポリフィルムで被覆し、湿度は80～100%を保持します。

果実は氷点下以下となると凍結したり、果皮に障害が出たりすることがあるので、貯蔵温度は1～4℃が実用的な温度です。果実軟腐病や果皮障害は熟度が進むほど顕著となるので、貯蔵期間の後半は、コンテナ点検の頻度を多くします。

エチレン吸着剤の効果

エチレンの作用を弱める資材としてエチレン吸着剤があります。エチレン吸着剤にはいくつか種類がありますが、いずれも比較的安価で効果があり、コンテナのなかに同封するだけと使用法も容易です。

吸着剤には果実量にたいして使用する吸着剤の量の目安がそれぞれあるので、それに準じてください。また、エチレンは空気よりも軽いので、吸着剤はコンテナ内の上方に置いたほうが効果的です。

エチレン吸着剤を使用

庭先栽培の場合でも収穫果は一般の冷蔵庫（野菜室）には入りきらないので、経済栽培に準じて冷暗所など温度が低めの場所で常温貯蔵する

常温での簡易貯蔵

家庭園芸では、大量の果実を保管する大型の低温貯蔵庫の確保がむずかしいため、常温で貯蔵せざるをえない場合があります。

常温で貯蔵するときは、場所の選択が重要となります。キウイフルーツは、氷点下以下までは温度が低いほど貯蔵性が高く、逆に10℃以上となると追熟の進行はいちじるしく早くなります。このことから、日中でも10℃以上にならない冷暗所などが常温貯蔵に適します。ポリ袋に入れたり、ポリフィルムで覆ったりして常温貯蔵します。

冷蔵庫で貯蔵する場合よりも条件はきびしいので、果実の点検はよりこまめにおこない、エチレン吸着剤も積極的に使う必要があります。

果実追熟とエチレン処理

エチレン処理の方法

キウイフルーツは、リンゴなどのエチレンを放出する果物といっしょに袋に入れておいても追熟します。

しかし、果物のエチレン生成は熟度や品種での違いが大きいので、効果にムラがあります。

入手できれば、エチレン発生剤などを用いてエチレン処理をおこなったほうがより確実に追熟できます。

エチレン処理は、甘熟パック（白石カルシウム）や熟れごろ（日本園芸農業協同組合連合会）などの市販のエチレン発生剤を用いる方法とエチレンガスを直接封入し処理する二つの方法があります。

リンゴをポリ袋に入れ、口を軽く縛って追熟

熟れごろ

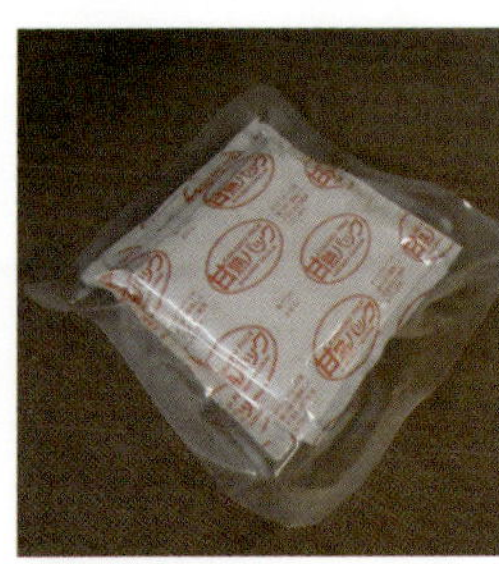

甘熟パック

熟れごろを置いて追熟

エチレン発生剤による方法

エチレン発生剤による方法は手軽におこなえることから、キウイフルーツ生産者の多くはこの方法を採用しています。

エチレン発生剤の使い方は、キウイフルーツ果実３・５kgにたいし１個の割合でいっしょに封入します。エチレン発生剤は開封後はすみやかに用いるようにします。

エチレンガスによる処理

エチレンガスを封入する場合は、処理をおこなう容器の体積を計測し、その体積にたいして１００ｐｐｍ以上の濃度とするようにします。

たとえば10ℓの容器で１００ｐｐｍ処理をおこなう場合は、10㎖のエ

チレンを封入します。エチレンガスを注射器で採取し、容器内に注入します。

エチレンガスはプッシュ缶などで販売され、手軽に購入できます。エチレン処理時の温度は20℃程度がよく、低温下ではエチレン処理の効果は低下します。

エチレン処理後の追熟

エチレン処理後は換気し、エチレンやエチレン発生剤を除きます。

エチレンガスを注射器で注入

よくある失敗として、エチレン発生剤を封入したまま密封を続けたため、果実の呼吸により酸素不足となり、追熟がうまくいかないことがあります。追熟中は果実の呼吸は盛んとなるので、酸素が必要です。このため、袋に入れる場合も空気が通りやすいよう若干の隙間をつくってください。

エチレン処理後は、追熟温度が高いほど追熟はすみやかに進みます。一方で、追熟温度が高いと、果実軟腐病や灰色かび病といった貯蔵病害が発生しやすくなります。果実軟腐病は追熟温度が15℃を超えると発生しやすく、灰色かび病の原因菌の生育適温は20～25℃程度といわれています。

これらの病害の発生が見られる場合には、追熟温度は15℃以下としたほうがよいでしょう。

黄色・赤色系品種の扱い

黄色・赤色系の品種はエチレンにさらされない低温条件下でも熟度が進む性質が顕著であり、加えて、ほかのキウイフルーツと同様にエチレンによっても追熟します。

また、収穫時期が早いために、高い気温にさらされやすいので、追熟しやすい条件となります。これらのことから、黄色・赤色系品種は、ヘイワードに比べて貯蔵性が悪いため、いくつか留意する点があります。

黄色・赤色系品種は、樹上においても熟度は進むので、適期収穫を心がけます。収穫時期は9月中旬～10月下旬ですが、この時期の気温は30℃を超えることもあるので、常温で

黄色・赤色系は収穫後、すぐに冷蔵庫に搬入

追熟後の食べごろの果実

放置すると短い期間であっても熟度が進み、貯蔵性を悪くする一因となります。

収穫後は、すみやかに冷蔵庫に搬入するようにします。ヘイワードでは常温貯蔵が可能ですが、黄色・赤色系品種はまず不可能であると考えてよいでしょう。このため、これらの品種を貯蔵する場合には、低温貯蔵庫で貯蔵することを基本としてください。

また、冷蔵庫に貯蔵してもヘイワードほど貯蔵できるわけではありません。とくにレインボーレッドは貯蔵期間が短く、年内までに販売や消費をしたほうがよいでしょう。

食べやすい果実とするためには黄色・赤色系品種においてもエチレン処理をする必要があります。エチレン処理は若干低めの15℃で12〜24時間処理するのがよいでしょう。エチレン処理後は、気温が高いほど追熟が早く進むため、温度管理で追熟の進行を制御するようにします。

果実の食べごろの目安

1か月程度貯蔵したヘイワードの場合は、エチレン処理後から食べごろとなるまで10〜14日程度かかります。しかし、エチレン処理をしてから食べごろの果実なるまでは、処理時点の熟度や追熟の温度により異なります。このため、エチレン処理後は数日置きに果実の状態をチェックし、食べごろの時期を見きわめる必要があります。

食べごろは果実を包み込むように軽く握り、少し軟らかいと感じるくらいです。とくにへた周辺部は果頂部よりも熟しにくいので、その部分に注意するとより正確に判断できます。これは、エチレンによる追熟がうまくいっている場合、果実の芯部まで軟らかくなることによります。

また、エチレン処理後には果実から特有の香りがするので、香りをかぐことも食べごろの判断の一つとなります。

果実の選別基準と評価

基準により選果、出荷

生産現場では、キウイフルーツは1か月以上貯蔵されたあとに選果され、エチレン処理されてから包装され出荷となります。

収穫した果実を出荷するさいには、それぞれの出荷団体で決められた基準で選果され、出荷されていきます。消費者にとっては選果基準などを知ることは、果実を購入するさいの参考となります。

大きさと硬さで選別

キウイフルーツは果皮色の変化は乏しい一方で、糖度は流通中に変化します。このため、国内のキウイフルーツ産地の多くは、果実の等級は主に大きさと熟度で決まっていることが多いです。海外の産地では、追熟後の糖度に影響する乾物率も評価の一つとなっているようです。

通常、大きい果実は贈答用として販売価格は高く、小さい果実は一般小売用として販売されるため安くなります。より小さいものは、加工原料として使われることとなります。

キウイフルーツの選果基準として特徴的なものに果実熟度があります。市場出荷する場合には棚持ちの長さ、つまり一定の硬さが求められます。このため、軟らかすぎる果実は評価が下がってしまい、直売所用として扱われたり、加工用になったりすることもあります。

品評会で評価の高い果実

毎年、各キウイフルーツ産地では農業振興の一つとして、農産物の普及奨励や品質の向上を目的として果実品評会が開催されています。品評会では、糖度、果肉色、果実の内容

品評会で評価される

金賞受賞のレインボーレッド

大玉のさぬきゴールド（贈答用）

はもちろんのこと、果実の形、傷や汚れ、病害虫の被害の有無などの果実の外観についても審査します。

果実内容については、糖度が高く、品種ごとの特有の果肉色（ヘイワードでは鮮やかな緑色、レインボーレッドでは赤色）が強く出ているものの評価が高くなります。

食味の評価には個人差があり、軟らかくて甘いものが好きという意見と、硬くて酸っぱいものが好きという意見とに分かれることが多いです。品評会ではこれらを総合的に判断し、順位が決められていきます。

なお、キウイフルーツにはタンパク質分解酵素が含まれ、短時間にたくさんの果実を食べると舌がピリピリしてきます。このため、品評会で食味を評価することは意外と大変な作業となります。

病害虫と気象災害の対策

病害虫の発生と気象災害

キウイフルーツは導入当初は、ほかの果樹に比べて病気の発生は少ないため、無農薬栽培ができるといわれていました。しかし、国内で栽培が始まって40年ほどが経過し、さまざまな病害虫が発生することがわかってきました。

発生が顕著となると、それぞれに対応する必要があります。

主な病気

かいよう病

伝染力が非常に強い細菌による病害です。昨今、問題となっているＰｓａ３は、菌の学名である*Pseudomonas syringae* pv. *actinidiae*の頭文字が由来で、かいよう病菌の系統の一つです。

冬季から春の樹液の上昇が盛んになる２～３月から、剪定痕、芽の周囲、枝幹の皮目から白濁した菌液が漏出します。症状が進むと葉にハローと呼ばれる斑点が現れ、枯死に至ることもあります。とくに樹が若いと風により傷つきやすいためか、罹病しやすい傾向があります。有効な薬剤も少ないので、耕種的対策を中心とします。

発病した園地では２～３月から園の観察を徹底し、罹病枝を見つけしだい切除します。切除する位置は、病気の進展が停止した部位から健全な徒長枝が多数発生するので、そこまで切り戻すのが基本です。

一部の品種（果肉が赤い2倍体の品種など）は、この病気への耐性が弱いことが判明しています。伝染力が強いので周囲に栽培園地がある場合は、病徴が確認されればすみやかに伐採し、周囲に感染を拡大させないようにする必要があります。

果実軟腐病

主に収穫後の追熟中に発生する病害です。罹病した果実は果頂部が軸腐れのような症状となるか、果実の外側の果肉部分が軟腐します。

追熟温度が15℃を超えると発生しやすいので、発生が見られる場合は追熟温度を15℃以下とします。また、梅雨時期の袋かけや薬剤防除も有効です。

花腐れ細菌病

主に花やつぼみで発生する細菌による病気です。

罹病すると、つぼみが褐変して開花しなかったり、じゅうぶんに開花しないため結実が悪くなったりします。ひどく発生すると、生産量が大きく減少してしまいます。この病気は、デンプン含量が少ない充実不良の花蕾に発生する傾向があります。

このため、耕種的防除としては、発芽後から花蕾の萼割れ期に実施する主枝や側枝への環状剥皮が有効で

代表的な病気

かいよう病の菌液

果実軟腐病（果皮）

かいよう病の斑点

花腐れ細菌病

果実軟腐病（果肉）

根腐れ細菌病

す。また、花の蕚割れから開花前に薬剤による防除も有効です。

根腐れ細菌病

梅雨時期以降、降雨後の高温により発生することが多く、葉がしおれたり、落葉したりし、ひどい場合は枯死に至ります。

*Pythium*属菌や連作などが原因と考えられ、根の発育がじゅうぶんでない幼木、水たまりのできやすい排水の悪い園地などで見られます。台木にシマサルナシを用いることにより、被害を少なくすることができます。

主な害虫

クワシロカイガラムシ

枝に寄生して樹液を吸う害虫ですが、果実にも寄生します。

枝に多発生すると枝はいちじるしく衰弱し、場合によっては枯死することもあります。果実では加害されると商品価値はいちじるしく低下し、果頂部のくぼみに隠れるように寄生することもあります。

防除は、冬季の粗皮削りやマシン油散布が有効です。

カメムシ類

カメムシ類は果実を吸汁し、加害します。

外観からはわかりにくいのですが、皮をむくと吸汁された箇所は白くスポンジ状となり、商品価値が下がってしまいます。年により発生の程度が異なるので、都道府県などが発表する予察情報に注意し、多発生が予想される年には5~6月ごろから薬剤散布をおこなうようにします。

キウイヒメヨコバイ

6月から9月にかけて葉を吸汁加害します。被害葉は葉全体が黄~白化し、被害がいちじるしいと落葉します。

クワシロカイガラムシ

キウイヒメヨコバイ

コガネムシ類

被害がいちじるしい場合は、5月上旬・中旬から薬剤散布をします。

コガネムシ類

コガネムシ類は6月から9月にかけて葉を食害します。1匹でも葉はかなり食害されるので、見かけたら駆除するようにします。

その他の病害虫

その他の病気としては貯蔵病害である灰色カビ病、根を冒す白紋羽病、枝が枯れこんでしまう枝枯れ症状などがあります。

コウモリガ

キイロマイコガ

害虫では、キイロマイコガは果実に寄生し、ハマキムシ類は果皮を傷つけるので果実に被害を与えます。また、コウモリガは主幹部を食入し、ネコブセンチュウは根に寄生し根を腐らせるので、それぞれ樹勢を低下させる原因となります。

ここでは、発生要因を取り除いたりする耕種的防除法についてふれてきましたが、被害が顕著な場合は、それぞれ防除面で専門的に対応する必要があります。

霜害

凍霜害対策

キウイフルーツは休眠期には、芽全体がリン毛に覆われ、低温にたいする抵抗力も強いため、寒さには比較的強いです。

しかし、発芽・展葉後は低温にたいする抵抗力はいちじるしく低下し、寒さには非常に弱くなります。とくに黄色・赤色系品種は、発芽が早く凍霜害や遅霜の被害にあいやすいので注意が必要です。

地形的に谷間、山麓など冷気がたまりやすい場所に被害が発生します。比較的温暖な静岡県においても、レインボーレッドでは、数年に一度は遅霜の被害に遭遇します。

残念ながら、キウイフルーツは露

地で栽培されることが多いので、遅霜を防ぐ方法はかぎられ、遅霜防止の資材を用いるなどしか対策はありません。植えつけ後2~3年の幼木は霜害を受けやすいこともあるので、幹部をわらやコモで巻いて防寒します。

霜害を受けやすい地域においては、休眠が深くて発芽時期が遅いヘイワードや香緑などの品種の植栽をすすめます。

台風の被害果(レインボーレッド)

台風対策

台風による被害を受けると、落果や傷ついた果実が増加するために収量は減少するとともに、落葉や枝折れにより樹体も損傷します。

落葉がいちじるしいと果実は落果しなくても糖度が低くなり、空洞果の発生につながります。また、翌年に使う予定の側枝の落葉がひどい場合、翌年に着生する花芽の数が少なくなるため、収量が大きく減少することがあります。このようにキウイフルーツでは台風による被害は甚大であるため、台風対策はしっかりおこなう必要があります。

台風による被害を受けた樹園

台風対策の第一は防風ネットや防風樹などの防風施設を整えることです。一般的に防風ネットや防風垣の防風範囲は施設の高さの10倍といわれています。とくに、よく管理された防風樹はすぐれた防風効果がありますが、設置するのには時間がかかる欠点もあります。

いずれにせよ、防風施設の設置にはコストがかかるので、その園地特有の風向きをよく観察し、とくに効果が高くなるところに設置するようにするとよいでしょう。

苗木を増やすための方法

栄養繁殖と種子繁殖

果樹の苗木の繁殖方法は、栄養繁殖と種子繁殖に大別されます。

栄養繁殖の場合、親と遺伝的に同じ枝などの一部を台木に接ぎ木したり、挿し木したりして苗木をつくります。キウイフルーツはもとより、果樹の苗木のほとんどが栄養繁殖によってつくられています。

育苗中のキウイフルーツ苗

種子繁殖は種をまいて繁殖する方法で、実生法（または実生繁殖）と呼ばれ、品種改良などの場合と接ぎ木用の台木をつくる場合などに採用されます。

参考までに一般的に取り組まれている接ぎ木、挿し木、さらに実生法による苗木づくりを解説します。

接ぎ木と高接ぎ

接ぎ木とは、別々の2個体以上を切断面で接着して一つの個体とすることです。接ぐ上部の植物を穂木、下部にする植物を台木といいます。接ぎ木をおこなう台木の位置が高い場合は、とくに高接ぎといいます。

果樹栽培では、主に苗木を養成したり、既存の樹を活用し品種を早期に更新する場合におこなわれます。生産者にとっては、接ぎ木により自家育苗したり、品種を早期に更新する必要性があります。

また、家庭園芸の方にとっては、人工受粉をおこなうことなく、安定的に結実させるためには、同時期に開花する雄品種を樹の一部に高接ぎすることが有効な方法です。

このように、キウイフルーツ栽培では、接ぎ木や高接ぎの必要性は高いと考えられます。そこで、接ぎ木や高接ぎの方法について述べます。

接ぎ穂の確保

穂木は、12月から翌年の1月にかけておこなう剪定時に採取します。

当年生の直径約1㎝の節間が狭く

充実した枝が適しています。長さを20～30㎝に調整したあと、束ねて新聞紙にくるみ、ポリ袋に密封し、0～2℃で冷蔵します。接ぎ穂は乾燥させないことが重要で、新聞紙にくるむことで適度に湿度が保たれ、乾燥しにくくなります。

このほかにも接ぎ穂をパラフィン処理し薄い皮膜で覆い、乾燥を防ぐことで、活着しやすくなるといわれています。パラフィン処理は、融点が50℃以下の固形パラフィンを湯煎や電熱器などにより融解するまで加熱し、1～2芽に調整した接ぎ穂を瞬間的に浸漬し、おこないます。

接ぎ穂の保管

1 新聞紙で接ぎ穂をくるむ

2 ビニール袋で密封

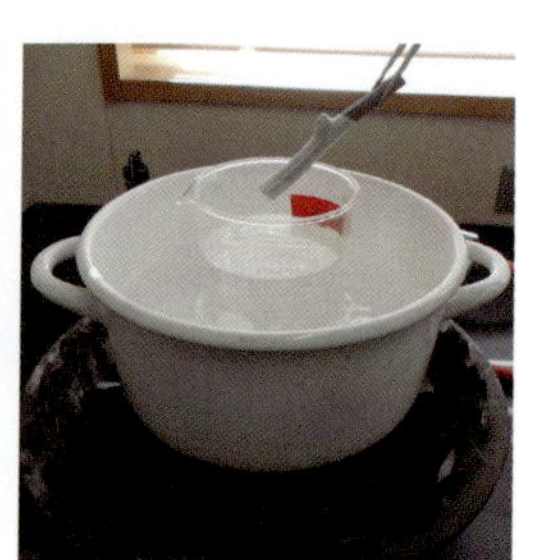
3 パラフィンを入れて融解するまで加熱

4 皮膜で覆う

接ぎ木の時期

接ぎ木の時期は、成否に大きく影響するので、適切な時期におこないます。

接ぎ木の時期は、樹液の流動が停止している1月がもっとも適しています。これ以降になると、樹液の流動が始まり、切り口からブリーディングするようになると、作業がしにくくなるとともに活着率も低下します。

4月下旬～5月上旬・中旬に樹液の流動が一時的に弱くなる時期があり、この時期にも接ぎ木はおこなうことができます。しかし、この時期は完全に樹液の流動が止まっているわけではないので、太い枝への接ぎ木には適さず、細い枝への接ぎ木にとどめたほうがよいでしょう。

接ぎ木作業の手順

切り接ぎのポイントを**図2-18**に示しましたが、具体的には以下の手順でおこないます。

図2－18　切り接ぎのポイント

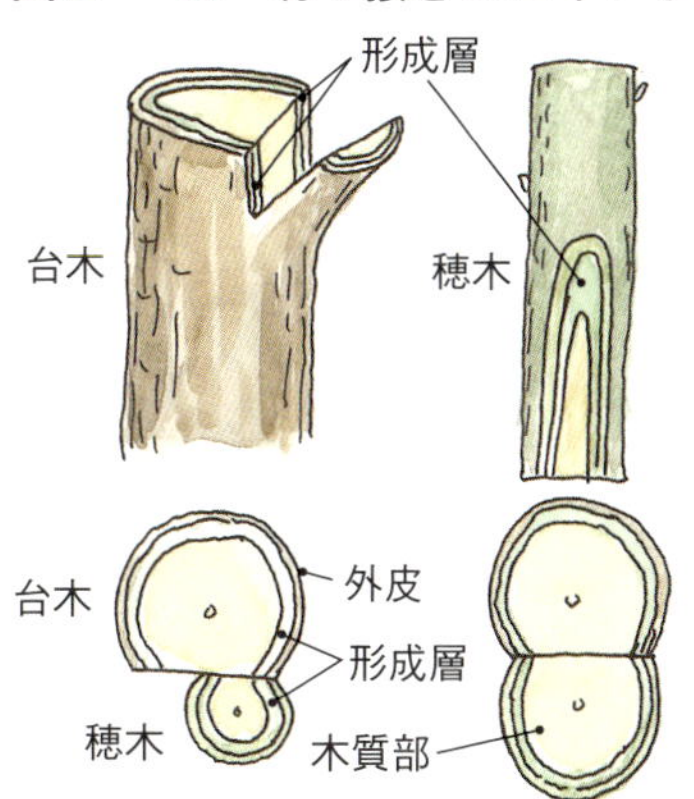

穂木が小さい場合、片側の形成層だけ台木の形成層に合わせる

台木の切り込み部分に穂木を挿し込み、伸長性のあるテープで接ぎ木部を覆う

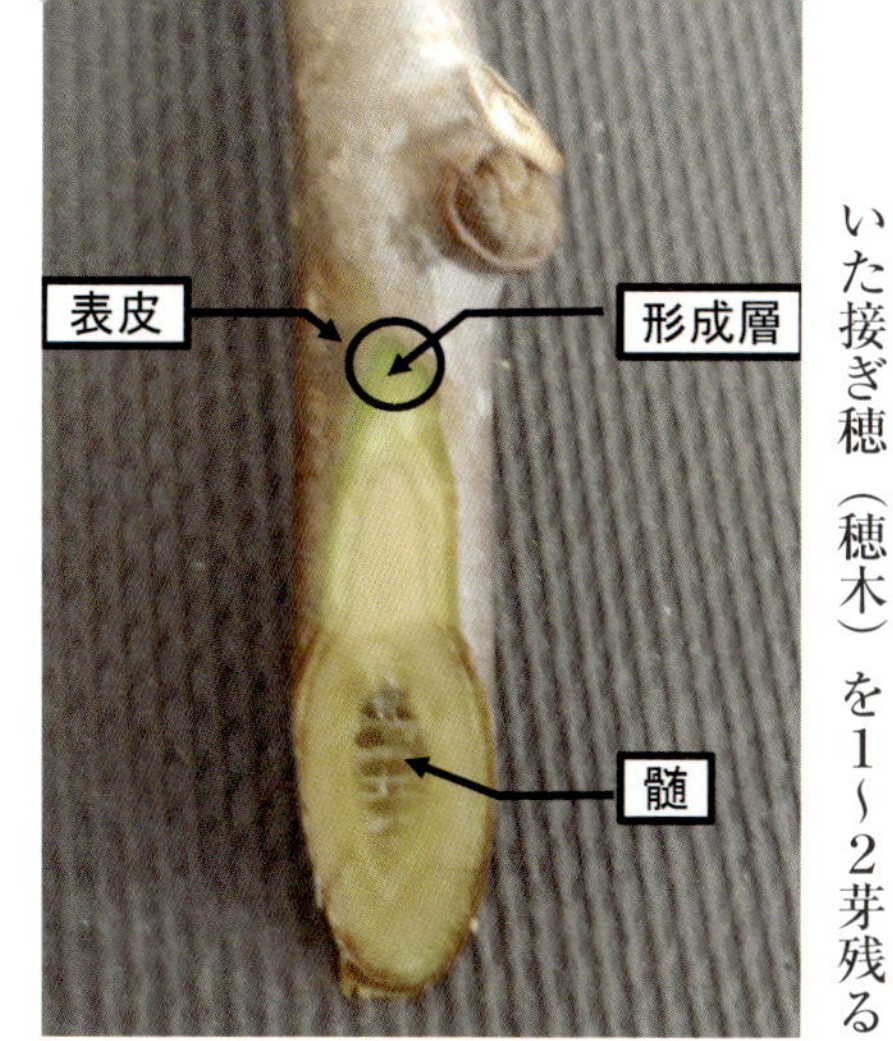

穂木の形成層

❶接ぎ穂の調整　冷蔵保存しておいた接ぎ穂（穂木）を1～2芽残るように調整します。芽が上部になるようにし、その下側を削ります。削ったあとは切り口が乾燥しないよう、水中で浸漬します。

❷台木の調整　接ぎ木作業には切り接ぎ（割り接ぎ）、腹接ぎなどさまざまな方法がありますが、それぞれの方法に応じて台木部分に切れ込みを入れます。

❸接ぎ穂と台木部の接合　重要なのは接ぎ穂の形成層と台木の形成層をよく密着させることです。

形成層とは、主として水の通路となる木部の導管と光合成産物などの通路となる師部の師管との間にあり、細胞分裂が盛んにおこなわれている薄緑色の組織です。その点を意識し、接ぎ穂と台木部分を接合します。

❹接ぎ穂と台木部の固定　接ぎ穂と台木部を接合したら接ぎ木テープでしっかり固定します。接ぎ木テープはパラフィルムや「メデール」などの専用のパラフィンテープを用います。乾燥防止のため、接ぎ穂全体を巻くようにします。

接ぎ木後の管理

接いだ接ぎ穂から発芽した新梢は折れやすいので、支柱や番線への誘引を早めにおこないます。接ぎ木部位近傍にある接ぎ穂以外から発生した新梢は取り除き、接ぎ穂の伸長を妨げないようにします。

また、接ぎ穂から発生した新梢に花芽がついていた場合、結実させてしまうと接ぎ穂の伸長を妨げるので、摘蕾するようにします。

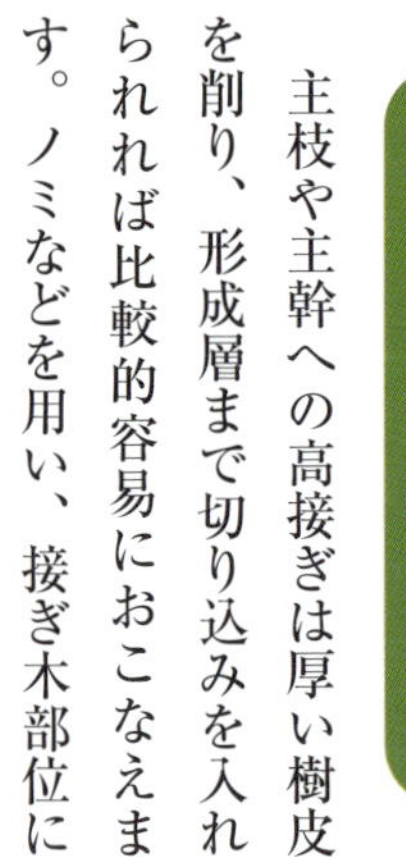

主幹や主枝への高接ぎ

主枝や主幹への高接ぎは厚い樹皮を削り、形成層まで切り込みを入れられれば比較的容易におこなえます。ノミなどを用い、接ぎ木部位に切れ込みを入れ、そこへ挿し穂を腹接ぎします。

主枝へ高接ぎする場合、細い枝へ接ぐよりは、より太い枝へ接いだほうがその後の伸長は良好となることが多いです。

高接ぎ

亜主枝への高接ぎ

主幹への高接ぎ

休眠枝挿し

休眠枝挿しは、落葉後の冬季に枝を採取し、数か月低温で貯蔵したあとに挿し木する方法です。

挿し木する穂木は、樹の来歴が明らかで果実品質や樹勢が良好な樹から採取します。穂木はその年に伸長した枝で、よく充実したものを用います。採取後は、30㎝程度の長さにそろえ、新聞紙でくるんだあとにビニール袋に封入し、0~1℃に設定した冷蔵庫内で保存します。

こうすることで、適度な湿度が維持され、穂木は乾燥することなく保存することができます。

気温が上昇しはじめる4月上旬まで保存したあと、挿し木します。穂木は芽が上部になるように鹿沼土、もしくは赤玉土に挿し木します。

穂木の下端部はオキシベロン粉剤などの発根剤を処理すると発根率は高くなります。挿し木はあまり深く挿さずに、深さ3㎝程度とします。

挿し木後は寒冷紗などで40%程度遮光するとともに、乾燥しないよう1日に2~3回散水します。フィルムで密封すると、乾燥しにくくなるので成果が良好となります。うまくいくと6月の中旬・下旬には発根が確認され、りっぱな苗となります。

緑枝挿し

緑枝挿しは、6月から8月中旬に

緑枝挿し

緑枝挿し

緑枝挿しによる発根

実生

実生による発芽

種まき１年後の生育

その年に発生した緑枝を挿し木する方法です。

挿し穂は、よく充実したものを用います。穂木の調整や挿し木に用いる条件は休眠枝挿しと同様です。しかし、とくに緑枝挿しの場合は乾燥しやすい初夏から夏場にかけておこなうので、ミスト灌水が効果的です。ミスト灌水の間隔は10〜15分間隔で10〜20秒とします。うまくいくと挿し木して3か月後には発根が確認されます。

実生苗の養成

キウイフルーツは果実にたくさんの種子が含まれるので、これらを利用し、実生苗を養成できます。

よく熟した果実から種子を採取し、しっかり水洗いし種子のまわりの果肉を取り除いたあと、風乾させます。種まきは小粒の赤玉土の上にバラバラまきますが、そのさいに種子に土を覆う必要はありません。

種まきは、おおむね気温が20℃を超える5月ごろにおこなうとよいでしょう。発芽する種子の割合は高くなく、条件が良好であっても数%です。

発芽後は、小さいポットに移し替え、徐々に大きなポットに移し替えていくことが上手に養成させるコツです。ポット栽培では、乾きやすいので灌水には留意してください。

実生苗はどういった樹ができるかわからないというおもしろさがある反面、元の親とは性質が異なることと、まいた種のおおむね半数が雄となる点は留意してください。

コンテナ栽培のポイント

家庭でキウイフルーツ栽培を始める場合、広いスペースが確保できない、地面がコンクリートなので植えつけることができない、水はけが悪いので生育が心配だ、といったことで栽培をあきらめる方がいるかもしれません。

しかし、コンテナ栽培ならば、こういった状況でもキウイフルーツ栽培を楽しむことができます。

果樹用容器

容器・培土と植えつけ

容器　キウイフルーツは根圏が狭いとはいえ、鉢やコンテナの容積が小さいとすぐに根が回って詰まってしまい、生育が悪くなります。

鉢やコンテナ栽培では、土量が多いほど新梢は伸びやすく、果実は大きくなります。筆者らの経験では、1～2年生苗であれば剪定などの栽培管理や灌水などの取り扱いやすさから見て、容器の容量は60～70ℓ程度のものが適当でしょう。

市販のポット苗

培土　培土は、水はけのよい土に堆肥を混ぜてつくります。土は真砂土や赤土などを用いていますが、水はけがよければ身近なものを用いてもかまいません。堆肥は牛糞堆肥かバーク堆肥を容積比で土と1：4の割合で混ぜます。このとき、化成肥料も窒素成分量で10g程度をいっしょに混ぜます。市販の果樹用培養土は、すでに堆肥や元肥がバランスよく混合されているので、これを使ってもよいと思います。

植えつけ　植えつけは、地植え同様に11～3月におこないます。

鉢底にゴロ土を敷き、混ぜ合わせた培土（もしくは市販の園芸用培養土）を入れ、根をほぐして放射状に広げ、接ぎ木部が出るように植えつけます（**図2-19**）。地上から50㎝ほどの高さの苗木部分を切り詰めます。また、苗木のまわりにウォータースペースをとり、水を与えます。

購入した苗木に実がついているのであればそのままの状態で収穫を終え、春先までに鉢替えします。

図2－19　鉢植えのポイント

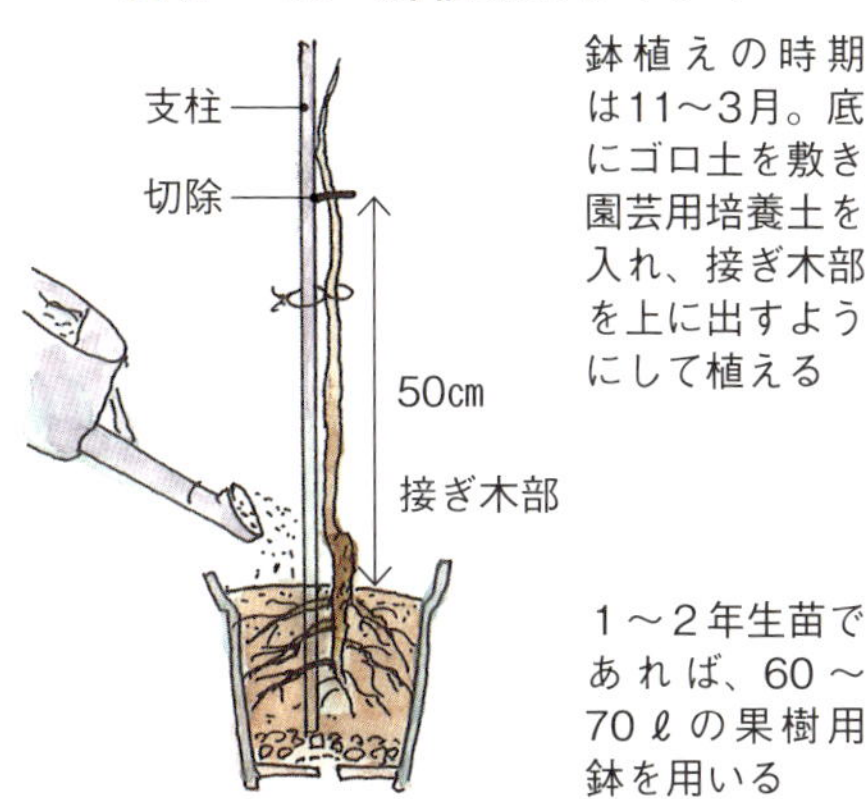
支柱
切除
50㎝
接ぎ木部
鉢植えの時期は11～3月。底にゴロ土を敷き、園芸用培養土を入れ、接ぎ木部を上に出すようにして植える
1～2年生苗であれば、60～70ℓの果樹用鉢を用いる

水やり・施肥はこまめに

鉢やコンテナ栽培では、土量が少ないのでこまめに水やりをする必要があります。

キウイフルーツは乾燥に弱い果樹なので、その点ではほかの果樹の鉢やコンテナ栽培に比べてとくに注意します。毎日の水やりは欠かせないので、可能であれば灌水タイマーで管理するとよいでしょう。

また、土量が少ないので肥料切れも起こしやすく、こまめに施肥する必要もあります。緩効性肥料を用いることで、頻繁な施肥の手間が省けるとともに、肥料焼けを防ぐことができます。

実つきの鉢植え苗

適した品種

コンテナ栽培では、樹をコンパクトに仕立てる必要があります。

このため、ヘイワードなどの6倍体緑色品種よりは、2倍体や4倍体であるレインボーレッドなどの黄色・赤色系品種のほうが大木になりにくく、新梢も伸長しにくいので管理がしやすいといえるでしょう。

仕立て方

小さな鉢の場合は、主枝や側枝は配置せず短くした主幹から1～2芽程度に切除した結果枝を直接水平に

配置する主幹仕立てとします。鉢物の場合、露地栽培よりも樹形を維持することがむずかしいので、冬季剪定はもちろんのこと夏季剪定を徹底し、不要な枝が発生した場合は積極的に切除するようにします。

フェンス仕立て　鉢物などのフェンス仕立ては、家庭園芸で用いるトレリス（格子状の枠組み）を生かして枝をはわせる仕立て方で、トレリス仕立てともいうことができます。

　早ければ植えつけてから2年後の秋に収穫できるコンパクトな仕立て方です（**図2-20**）。

図2－20　鉢の仕立て方の例

丈夫で大きなあんどん状の枠が必要

あんどん仕立て

伸びた枝を均等に誘引

フェンス仕立て

あんどん仕立て

　比較的大きな鉢の場合は、キウイフルーツはつる性なのでアサガオのようにあんどん仕立てにします。

　あんどん仕立てとは、主幹を支柱にらせん状に絡ませる仕立てです。主枝や側枝はつくらず、らせん状に絡ませた主幹から結果枝を鉢の外に出すようにします。

　結果枝は長く配置することはできないので、1～2芽で短く切り返します。結果枝をあまり長くすると地面に垂れてしまうので、長くなるようなら先端は積極的に切除するようにします。

　主幹から発生した当年生枝は翌年の結果枝となるので、基部から切除することはせず1～2芽は残すようにします。

　また、フェンス仕立てやあんどん仕立て以外にも、露地植えと同様に棚仕立てなどにすることもできます。しかし、樹冠は露地植えほど広がらなく、狭くなることには留意してください。

第3章

キウイフルーツの成分と利用・加工

キウイフルーツはビタミンCの豊富な果実

果実の甘い部分はどこか!?

部位による糖度の違い

ミカン、モモ、イチゴ、メロンなど、多くのフルーツにおいて、果実の部位による糖度の違いがあることが知られています。キウイフルーツでも、果実の部位による糖度の違いが存在します。

果実の部位によって糖度は異なる

メロンやスイカなどと違って、キウイフルーツの場合は大勢で切り分けて食べることが少ないため、糖度の果実内分布はそれほど大きな問題にはなりません。それでも、酸味がきいた果実が好きな人もいれば、甘い果実が好きな人もいますので、ハーフカットしたものを二人で分けるときなどに、知っておいて損はない知識でしょう。

また、最近では、近赤外線を利用して果実を壊さずに測定ができる、便利な糖度計も開発されています。このような測定器で糖度を測定するときに、果実のどの部分で測定をおこなうべきかを検討するためにも、糖度の果実内分布を知ることは重要な意味を持ちます。

糖度の垂直分布と水平分布

果実内の糖度を垂直分布と水平分布で見てみましょう（**図3－1**）。

垂直分布

もっとも一般的な品種であるヘイワード果実における糖度の垂直分布は、果頂部でやや高く、果梗部から赤道部で低めになっています。これはおそらく、果梗部や赤道部よりも果頂部のほうが熟しやすいことと関係があるものと考えられています。その差は図のように1度くらいのときもあれば、最大3・5度程度に達する場合もあります。

ただし、この糖度の垂直分布は、

図３－１　果実内の糖度分布

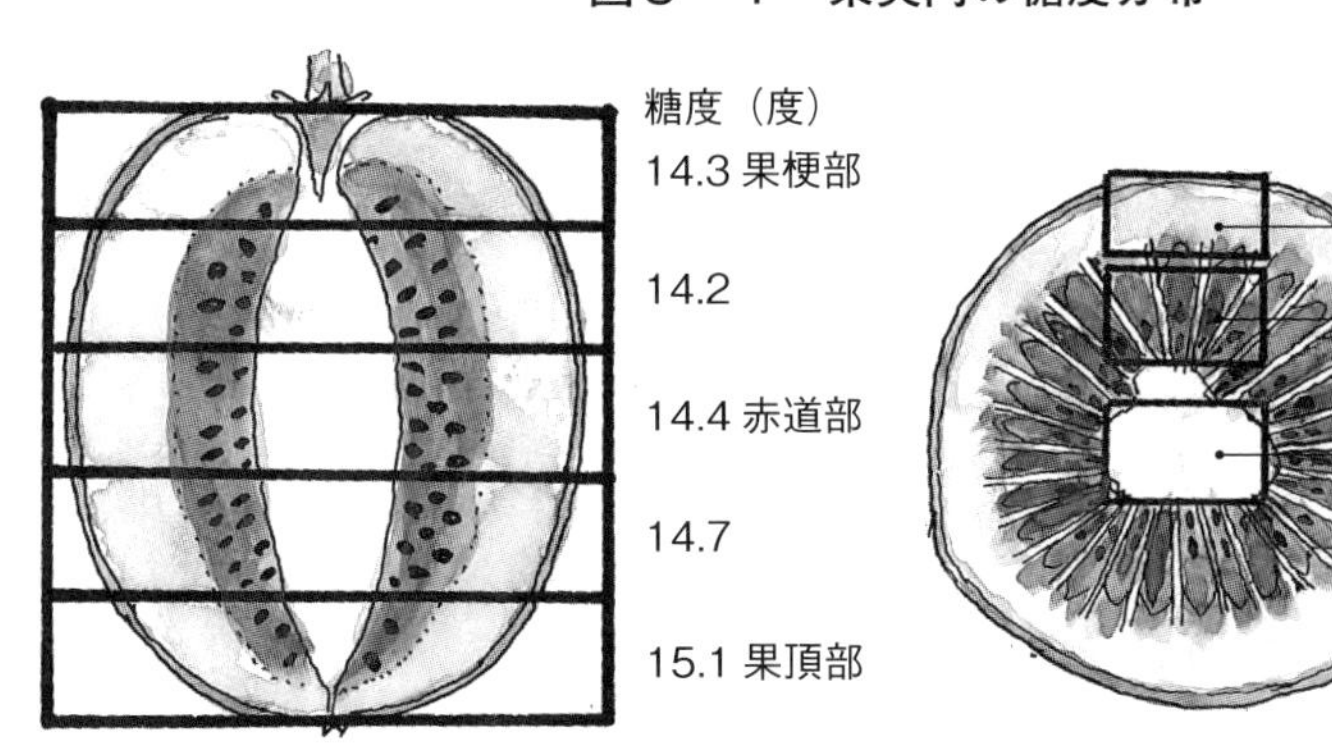

注：右図は「園芸学研究」第７巻別冊２、福田らを改変

品種によっても、また、果実の熟度によっても違いがあります。ヘイワードと同じ傾向を示す品種もあれば、果梗部から果頂部まで糖度の差異が見られない品種もあります。キウイフルーツに共通する絶対的な特性ではありません。

品種や熟度によっても糖度は違う

水平分布

外側の部分（外果皮）と、その内側の種のある部分（内果皮）とでは、糖度はあまり差がなく、中央の白い芯の部分（果心部）の糖度は高いという、糖度分布が見られます。これはヘイワード種にかぎらず、ほかの多くの品種にも見られるキウイフルーツ共通の傾向といえます。

ただし、糖度が高いからといって果心の部分がおいしいかというと、そうではありません。キウイフルーツの味は、主として糖と酸のバランスや食感などで決まりますので、芯だけ食べてもあまりおいしいとはいえません。

キウイフルーツの成分と健康機能性

注目のヘルシー果実

キウイフルーツ果実には、健康の維持・増進に役だつ多種の成分が豊富に含まれています。

さわやかな酸味のもととなるクエン酸は、疲労回復に効果がありま す。また、ビタミンCは皮膚や骨、血管などを丈夫に保ち、さらにビタミンEとともに酸化ストレスから体を守る抗酸化性を示します。

カリウムは高血圧の予防効果があるとされ、また、食物繊維やアクチニジンは、便秘解消、腸内細菌叢の改善、消化促進などの作用を通じて、消化器系の健康に寄与します。

葉酸はとくに妊婦さんには欠かせないビタミンです。

このように、キウイフルーツには栄養学的に多くの魅力がありますが、以下にそれぞれの成分とその機能性について概説し、最後にちょっと迷惑な存在であるシュウ酸カルシウムについても紹介します。

糖質と有機酸

キウイフルーツの甘さのもととなる糖質は、主としてグルコース、フルクトースとスクロースです。

3種の糖の比率は品種によって異なりますが、グルコースとフルクトースが主要な糖である品種が多く見られます。

一方、酸味のもととなる有機酸は、主としてクエン酸とキナ酸で、これに少量のリンゴ酸が加わります。ビタミンC（アスコルビン酸）も有機酸ですが、その量はクエン酸やキナ酸の20～30分の1程度にとどまります。

そのため、キウイフルーツの酸味のほとんどは、クエン酸とキナ酸の量で決まります。酸味が強いものほどビタミンCが多いと誤解されている場合もありますが、酸味の強さとビタミンC含量とは関係ありません。さぬきゴールドやサンゴールドのように、甘くてビタミンC含量がきわめて多い品種もあります。

ビタミンC

キウイフルーツといえば、なんといってもビタミンCが豊富なことで知られています。

その含量は品種によって大きく異なりますが、代表的な緑肉種であるヘイワードでは可食部１００g当たり69mgと、すべての食品のなかでもトップクラスにあります（**図３‐２**）。また、黄肉種では一般にこれよりも多く、１００mgから２００mgに及ぶ品種もあります。

ビタミンCは、１日に１００mg摂ることが推奨されていますので、キウイフルーツ果実を１個食べるだけで、その70~２００%を摂ることができます。

図３－２　主な果物のビタミンＣ含量

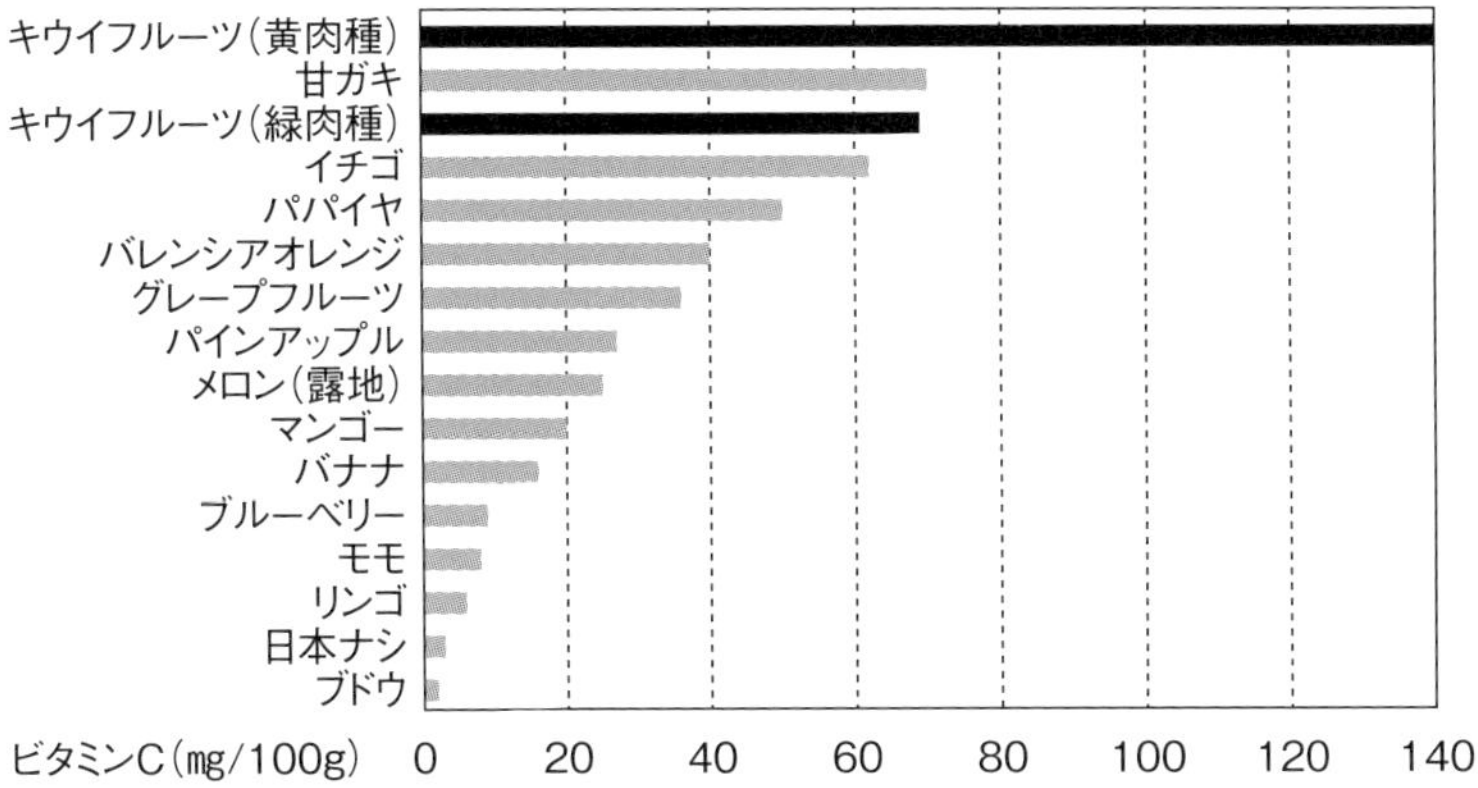

キウイフルーツ(黄肉種)
甘ガキ
キウイフルーツ(緑肉種)
イチゴ
パパイヤ
バレンシアオレンジ
グレープフルーツ
パインアップル
メロン(露地)
マンゴー
バナナ
ブルーベリー
モモ
リンゴ
日本ナシ
ブドウ
ビタミンC(mg/100g)
0
20
40
60
80
100
120
140

図３－３　果実内のビタミンＣ分布

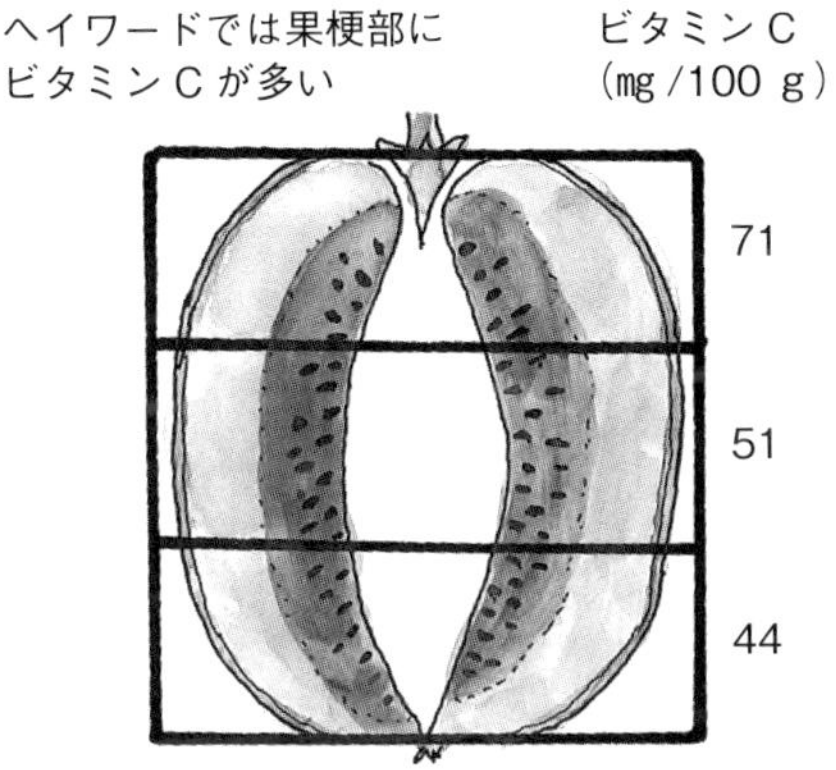

ヘイワードでは果梗部に
ビタミンＣが多い
ビタミンＣ
(mg /100 g)
71
51
44

ビタミンCは、コラーゲンの合成を介して血管、皮膚、筋肉、骨などを健やかに保つ働きを示します。また鉄の吸収を促進するため、貧血の予防にも役だちます。さらにその抗酸化性によって、心臓血管系疾患などの生活習慣病の予防効果も期待できます。

ビタミンCは水溶性ビタミンですので、過剰に摂取してもとくに害はありません。最近では、一日推奨量を超えて２００mg程度を毎日摂取し続けることで、免疫力アップや気分改善効果が期待されるというデータも得られています。

ヘイワード果実におけるビタミンCの垂直分布は、**図３‐３**に示すように果梗部で濃度が高く、果頂部で低くなっています。

ビタミンE

ビタミンEはビタミンCと同様、抗酸化性を示します。

　ビタミンCとは異なり脂溶性ビタミンですので、細胞膜中の脂質を酸化障害から保護し、溶血性貧血を防ぎます。キウイフルーツを食べると、ビタミンCとEでダブルの抗酸化性が期待できます。

葉酸

キウイフルーツは、可食部100g当たり32〜36㎎の葉酸を含み、果物類のなかではトップクラスといえます。

　葉酸はビタミンB群の一種で、生命の維持に重要な核酸の合成に必須の成分です。また、胎児の正常な発育にも欠かせない成分ですので、妊婦さんにも積極的におすすめしたい果物です。

食物繊維

キウイフルーツは、食物繊維を豊富に含んでいます。とくに緑肉種に多く、可食部100g当たりの含量は2・5gに及びます。これはレタス（1・1g）の2倍以上で、食物繊維が豊富なことで知られるサツマイモ（2・2g）をもしのぐ量です（**図3-4**）。

　また、キウイフルーツの食物繊維は、ほかの食品由来の食物繊維と比較して保水力にすぐれ、消化管のなかでより大きく膨潤するとの報告もあり、これが大きな便秘改善効果につながると考えられています。

　さらに、この膨潤した食物繊維が消化管内容物の粘度を増すことで、

図3−4　主な果物・野菜の食物繊維含量

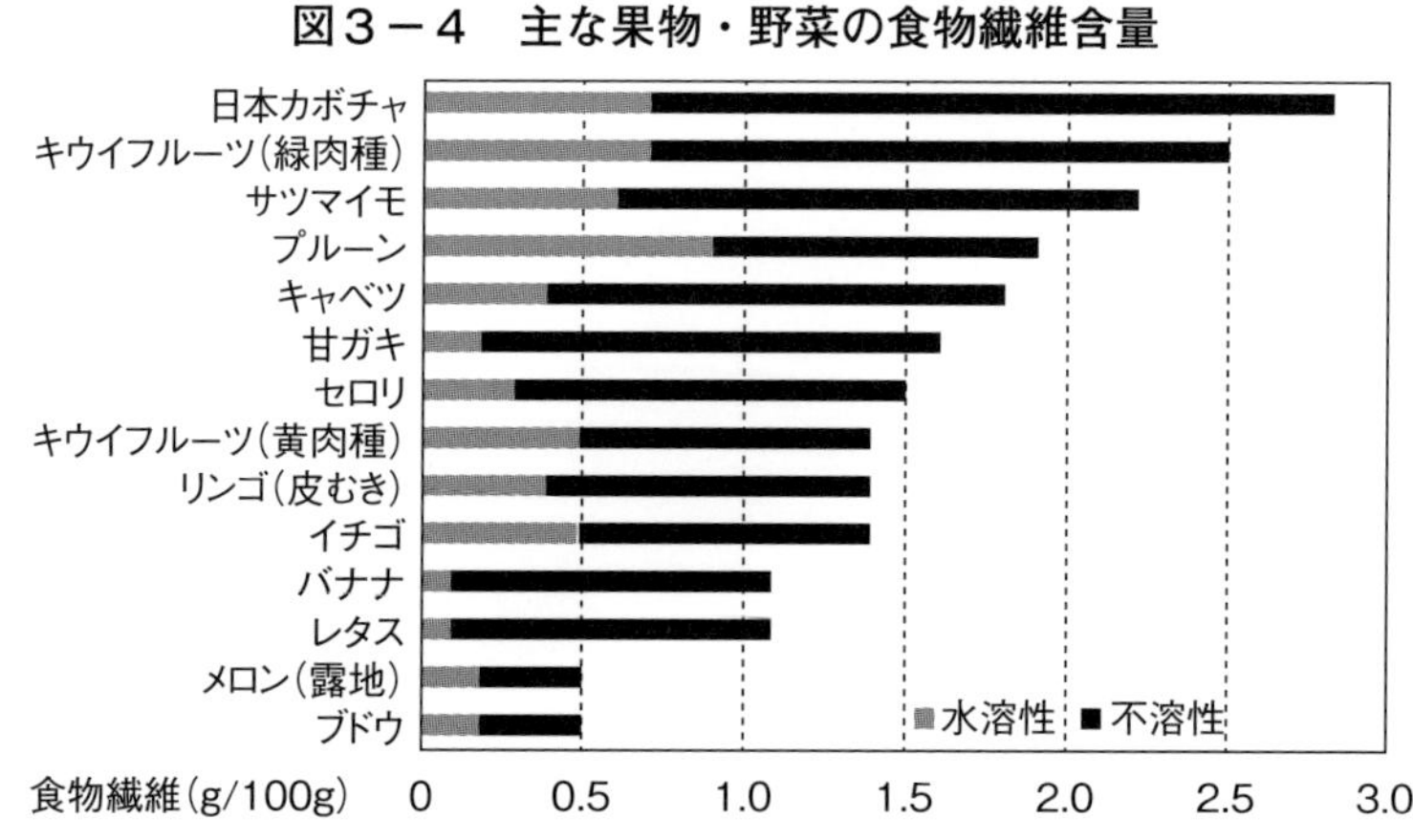

糖類の拡散を抑え、消化吸収を緩やかにし、食後血糖値の上昇を穏やかにする効果も報告されています。キウイフルーツそのものも、食後の血糖値上昇への影響が小さい、低ＧＩ(Glycemic Index) 食品に分類されていますので、血糖値が気になる人にもおすすめしやすい食品です。

カリウム

カリウムは、高血圧の予防のために積極的に摂取することが推奨されているミネラルです。キウイフルーツは可食部１００ｇ当たり３００㎎前後のカリウムを含んでおり、果物や野菜のなかでも豊富な部類に属します。

アクチニジン

キウイフルーツの多くの品種では、果実内にタンパク質分解酵素であるアクチニジンが多量に含まれています。アクチニジンは食肉タンパク質をはじめ、ゼラチンや乳タンパク質であるカゼインなどを分解します。そのため、キウイフルーツを原料とした食肉軟化剤が製造・販売されています。

ネズミやブタを使った動物実験の結果では、生のキウイフルーツの摂取が胃や小腸での消化を促進することが示されており、また、ヒトでも同様の消化促進効果が示唆されています。

ただし、アクチニジンは１００℃３分間程度の加熱によって完全にその働きを失いますので、ジャムやコンポートなど、加熱処理をおこなった加工品では、消化促進効果はまったく期待できません。

おもしろいことに、アクチニジンのタンパク質分解作用は、チーズの製造に利用することができます。手近で容易に入手できるキウイフルーツ果汁が、レンネットに代わる凝乳酵素として利用できることは、「利用・加工」の欄で紹介します。

シュウ酸カルシウム

ここまで、健康の維持増進に寄与する成分を中心に紹介してきましたが、最後にちょっと厄介な成分を一つ紹介します。

キウイフルーツは、すべての品種においてシュウ酸カルシウムを比較的多く含んでいます。このシュウ酸カルシウムは水に溶けず、鋭い針状の結晶を形成しています。

果実内において、このシュウ酸カルシウムの結晶束（束晶（そくしょう））は異型細胞内に格納され、内果皮部分（種のある部分）に多く存在しています。白く光って見える小さな粒子が、シュウ酸カルシウムの束晶です。これを顕微鏡で拡大すると、写真のように見えます。

　敏感な人ではキウイフルーツを食べたときに、口のなかやのどがイガイガすることがあります。これは、果肉を噛み砕いたときに一部の異型細胞が壊れてシュウ酸カルシウムの針状結晶が散らばり、口腔刺激性を生ずるためです。

　シュウ酸カルシウムの結晶は種の周囲にありますので、「キウイフルーツは種がイガイガするから苦手」と誤解している人もいるようです（図3-5）。

　果肉をミキサーなどで砕くと、多くの異型細胞が壊れて、より多くのシュウ酸カルシウム針状結晶が遊離してきます。そのため、口腔刺激性がいっそう高まります。キウイフルーツでジュースやスムージーなどをつくるときには、リンゴやナシの芯

0.05 mm

束晶を含む異型細胞の顕微鏡像

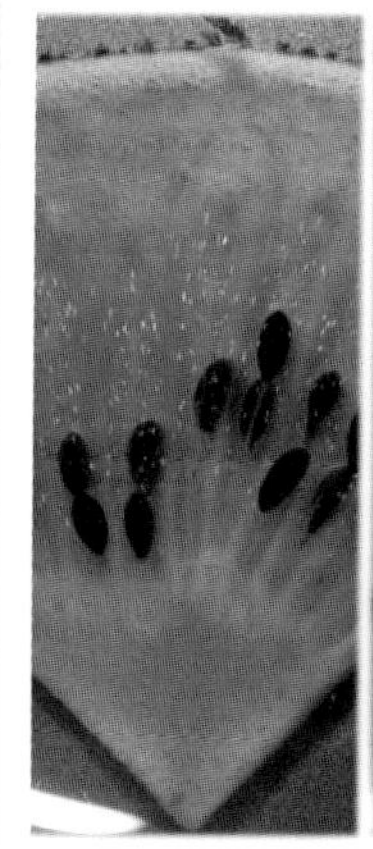

白く見える小さな粒子が束晶

0.02 mm

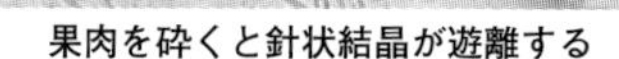

果肉を砕くと針状結晶が遊離する

図3－5　シュウ酸カルシウム束晶が多い部分

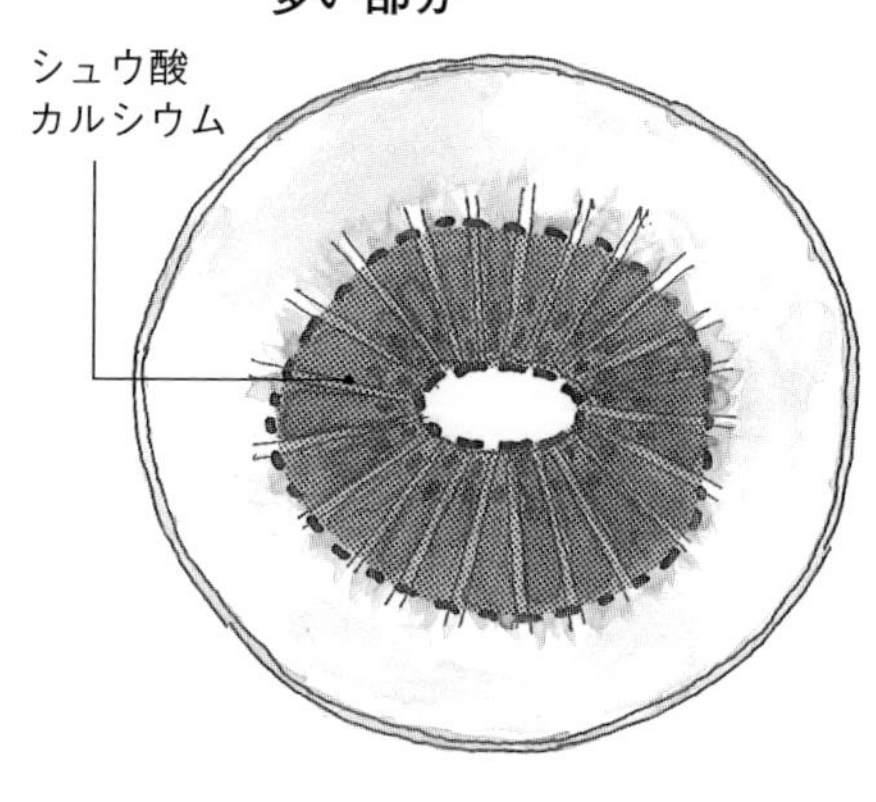

を取るように、シュウ酸カルシウムの多い内果皮を除いて外果皮のみを材料にするのも一手です。

また、キウイフルーツをドライフルーツにしたときには異型細胞が水を失って縮み、シュウ酸カルシウムの針状結晶が突き出すため、生食時よりも口腔刺激性が増すといわれています。

このように、シュウ酸カルシウムは厄介な成分ではありますが、一部の敏感な人に対して口腔刺激性を示すだけで、とくに健康への悪影響はありません。

キウイフルーツに含まれているシュウ酸濃度は、可食部100g当たり0・02g程度で、これはトマトと同程度であり、また、ホウレンソウの50分の1程度にすぎません。安心して召しあがってください。

果実の食べ方と利用・加工

食べ方いろいろ

キウイフルーツは、そのまま生で食べるのが一般的です。とくに適熟果は甘味と酸味のバランスにすぐれ、フレッシュなおいしさが楽しめます。加熱しないため、ビタミンCや葉酸などの壊れやすい栄養素の損失もありません。

皮をむくのが面倒な場合は、ハーフカットにしてスプーンですくうようにして食べるのがお手軽です。芯や種も食べられるキウイフルーツならではの食べ方です。

一方、皮をむいてスライスすると、緑や黄色の果肉と白い芯、黒い種のコントラストが美しく、見栄えがします。リンゴやモモ、バナナのように褐変しませんので、料理やデザートの彩りとしても重宝です。

皮のむき方

キウイフルーツの皮には、食物繊維や抗酸化作用を持つポリフェノール類が豊富に含まれています。

果実を皮ごと食べると手間もかからず、これらの機能性成分も摂取することができますが、味覚的にも食感的にもあまり好ましいとはいえません。皮ごと食べることへの心理的な抵抗を持つ人も多いと思います。

また、皮をつけたままの果実を後述するジャムなどに加工すると、色が褐色となり見栄えが悪くなります。ここでは、皮をむくときの注意点と、手で皮をむく2種類の方法を紹介します。

普通にむくときの注意点

スライスで提供する場合や、ジャムなどに加工するときには、果梗部（へたの部分）にある硬い組織を取り除く必要があります。

適熟果では、果梗部の周囲に浅く一周するように切り込みを入れ、へたを親指で押さえて回転させると、きれいに抜くことができます。

あとは、一般的には長軸方向にそって縦に薄く皮をむきます。まれに横半分に切って二つにし、かつらむきのように果実を回しながら皮を薄くむく例も見受けられます。

皮のむき方

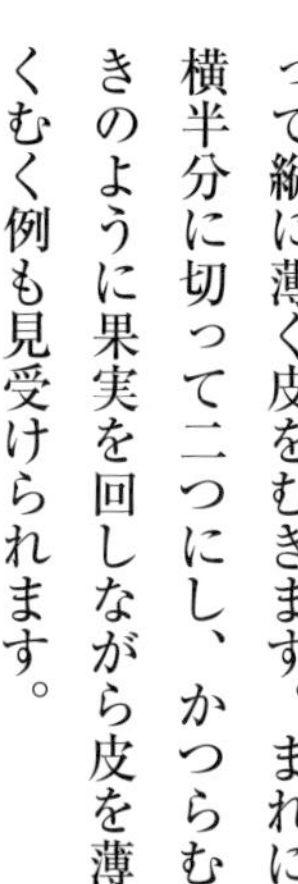

へたを押さえ、包丁を入れる

へたをきれいに抜き取る

縦に薄く皮をむく

湯むきの方法

キウイフルーツでも、トマトでおこなわれているような湯むきができます。以下の手順でおこないます。

❶95℃以上の熱湯に30秒間浸す。

❷ただちに氷水で冷やす。

❸手で果皮をむく。

湯むきすると、ナイフではむきにくい果梗部や果頂部の皮もきれいにむけるので、美しく仕上がるとともに、廃棄率が減り果実の利用部分は5～10％も増えます。また、包丁を使わないため安全で、だれでも同じようにきれいにむくことができます。糖度やビタミンC含量など果実品質には大きな変化はありません。

ただし、未熟な果実ではうまくむけないことがありますので、果実の熟度には注意してください。

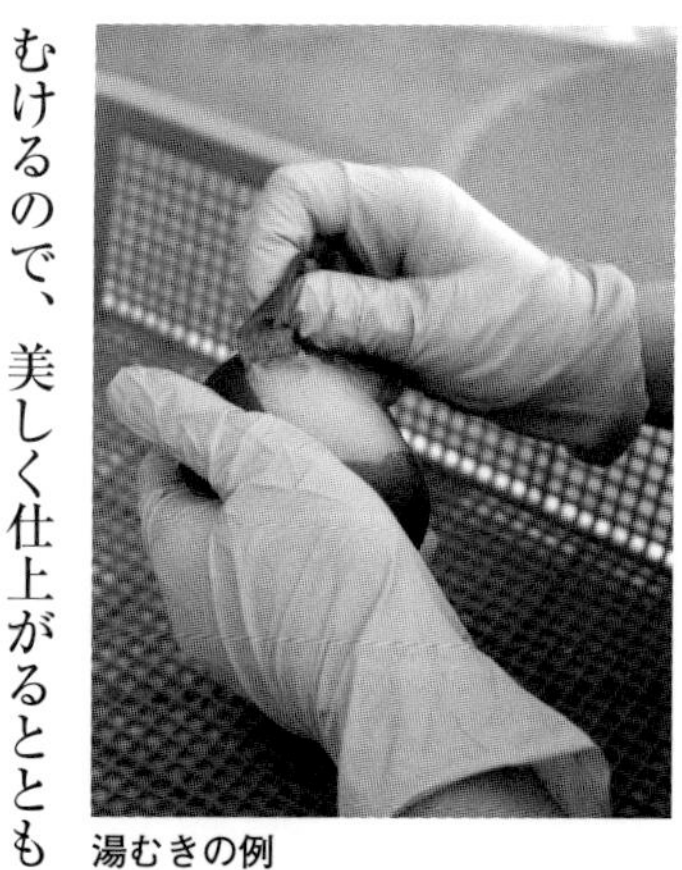

湯むきの例

解凍剥皮の方法

果実を一度凍らせ、解凍しながら皮をむく方法もあります。解凍剥皮（はくひ）

は以下の手順でおこないます。
❶果実を冷凍庫で冷凍する。
❷常温の水に30秒～1分30秒ほど浸し、果実の表面部分を少し解凍する。このとき、解凍しすぎるとむきにくくなる。
❸手で果皮をむく。

解凍後は果肉が軟らかくなるので、生食には適しません。ジャムなどの加工品をつくる場合に適する方法です。

キウイフルーツ入りハンバーガー

キウイフルーツ料理

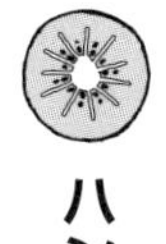

ハンバーガー

ハンバーガーでは、ピクルスやトマトで酸味を付与することが多いのですが、これらの代わりにキウイフルーツを入れると、また違ったおいしさを引き出すことができます。好みですが、甘みの強い黄肉種よりも酸味のきいた緑肉種キウイフルーツのほうが合うようです。

材料（2個分）

ハンバーガー用バンズ2個、ハンバーグまたはビーフパティ2枚、キウイフルーツ（ヘイワード）1個、レタス4枚、タマネギ少々、ケチャップ、マスタード、各適量

つくり方

❶キウイフルーツは皮をむき、7～8㎜幅の薄切りにする。レタスをバンズより少し大きめにちぎる。タマネギは薄く輪切りにする。
❷バンズをオーブントースターで軽く焼く。
❸②のバンズに①のキウイフルーツ、レタス、タマネギをはさむ。好みによってケチャップやマスタードをバンズや具材の間に塗る。

メモ

ベーコンやスライスチーズなど、お好きな具材を加えてアレンジしても楽しいでしょう。

サンドイッチ

簡単にできて手軽に食べられるサンドイッチ。キウイフルーツのスライスをはさんでみると、意外なおいしさに驚かされます。定番のBLT（ベーコン、レタス、トマト）なら

ぬBLKサンドイッチをお楽しみください。

材料（2人分）

サンドイッチ用ライ麦食パン6枚、キウイフルーツ（ヘイワード）1個、レタス6枚、ベーコン6枚、サラダ油、マヨネーズ、マスタード、各適量

つくり方

❶キウイフルーツは皮をむき、好みの厚さの輪切りにする。レタスは適当な大きさにちぎる。

❷フライパンにサラダ油を熱し、ベーコンをカリッとするまで焼く。

❸パンにマヨネーズとマスタードを塗る。

❹③のパンに①、②のキウイフルーツ、レタス、ベーコンをはさみ、適当な大きさに切る。

メモ

ベーコンに代えて、薄切りのロースハムやパストラミハムを何層にも重ねて入れるのもおすすめです。好みにより、パンをあらかじめトーストしておくと、サクサクした食感が楽しめます。

サンドイッチ

ベーコン・レタス入りサンドイッチ

フルーツサンド２種

フルーツサンド

おしゃれなスイーツのようなフルーツサンド。外国にはあまり見られない日本独自の定番サンドイッチのようです。キウイフルーツを使った手軽でおいしいフルーツサンド。軽食やおやつにどうぞ。

材料（2人分）

サンドイッチ用食パン6枚、キウイフルーツ（緑肉種あるいは黄肉種）2個、生クリーム（ホイップ済みのもの）適量、こしあん適量

つくり方

❶キウイフルーツの皮をむき、1㎝幅の輪切りにする。
❷2枚のサンドイッチ用食パンの片面に、ホイップ済みの生クリームまたはこしあんを塗り、①のキウイフルーツスライスを全面にのせてはさむ。
❸フルーツの断面がうまく出るように、②を好みの大きさに切る。

抗酸化ビタミン豊富なサラダ

メモ

生クリームを使うと、おなじみのフルーツサンドになります。一方、こしあんを使うと、あんの甘さとフルーツの酸っぱさのハーモニーが絶妙で、いわばイチゴ大福にも似た味わいになります。

キウイフルーツは、緑肉種でも黄肉種でもかまいませんが、やや酸味が強いもののほうが合うようです。

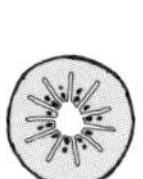

サラダ

抗酸化性ビタミンA、C、Eが摂れる、名づけてビタミンACE（エース）サラダです。ビタミンAはミニトマトとルッコラから、ビタミンCはもちろんキウイフルーツから、また、ビタミンEはキウイフルーツ、クルミ、オリーブオイルから。とても手軽においしいサラダがつくれます。酸化ストレスから体を守りましょう。

材料（2人分）

レタス4枚、ルッコラ10枚、ミニトマト8個、キウイフルーツ（緑肉種）½個、キウイフルーツ（黄肉種）½個、クルミ15g、オリーブオイル大さじ2、ワインビネガー大さじ2、塩1つまみ、コショウ少々

つくり方

❶クルミは粗みじん切りにし、オーブントースターで乾煎りしたあと、冷ましておく。
❷ドレッシングをつくる。オリーブオイル、ワインビネガー、塩、コショウを小さめのボウルに入れ、塩が溶けるまで混ぜる。
❸レタス、ルッコラを適当な大きさにちぎる。ミニトマトを縦4等分

にする。
❹キウイフルーツは皮をむき、8㎜幅の輪切りにしたあと、それを八つ割にする。
❺③と④を混ぜて器に盛り、その上にクルミを散らし、ドレッシングをかける。

メモ

オリーブオイルの代わりにエゴマ油やアマニ油を使うと、ビタミンEの量がさらにアップします。適量のカッテージチーズをのせても、おいしく召しあがれます。

スライス状コンポート

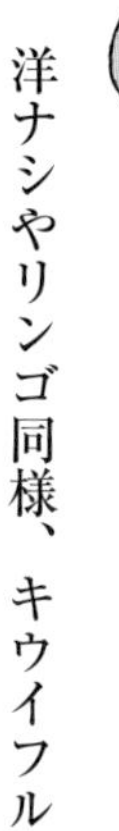

果実の利用・加工

コンポート

洋ナシやリンゴ同様、キウイフルーツもコンポートのよい材料になります。横にスライスするか、くし切りにするかは好みですが、スライスしたほうが断面が美しく、また、食べやすいように思います。冷蔵庫に入れておくと日持ちしますので、多めにつくりおきするのもおすすめです。

材料（つくりやすい分量）

キウイフルーツ（緑肉種、あるいは黄肉種）2個、グラニュー糖100g、白または赤ワイン100㎖、レモン果汁大さじ1、ホワイトキュラソー大さじ2

つくり方

❶キウイフルーツの皮をむき、1㎝幅の輪切りにする（厚さは好みで調節する。適当な大きさのくし切りにしてもよい）。
❷鍋に水200㎖、グラニュー糖、ワイン、レモン果汁を合わせて入れ、火にかける。
❸②が沸騰したら、キウイフルーツを並べ入れ、ふたたび沸騰したら火を止める。
❹ホワイトキュラソーを加え、なじませてから自然に冷ます。
❺好みにより、ミントなどの彩りを添えて器に盛る。

メモ

洋酒は、オレンジキュラソー、コアントロー、カルバドスなどお好みで。清潔な瓶やタッパーなどに入れて冷蔵庫で保存すると、10日間程度はおいしく食べられます。

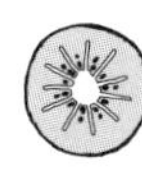キウイフルーツジャム

キウイフルーツは、ジャムのよい材料になります。ジャムは滅菌すれば日持ちしますので、キウイフルーツがたくさんあって食べきれないときなどは便利です。

そのままクラッカーにのせたり、パンに塗ったりしてお召しあがりください。少し気分を変えて、ジャムとクリームチーズとを半々に混ぜてサンドイッチにしてもおいしいです。

キウイフルーツジャム

なお、緑肉種のキウイフルーツを材料として使っても、クロロフィルが酸と熱で壊れますので、鮮やかな緑色のジャムにはなりません。

材料（つくりやすい分量）

キウイフルーツ（緑肉種）3個、グラニュー糖85g（目分量で2等分しておく）、ペクチン4g（製品により増減する）

つくり方

❶キウイフルーツの皮をむき、6㎜幅のいちょう切りにして、ホーロー製またはステンレス製の鍋に入れる。

❷①に半量のグラニュー糖を加え、弱火にかける。

❸木杓子で混ぜながら焦がさないように加熱し、汁気が出てきたら中火にする。

❹沸騰したら、あくを取りながら弱火で5分間ほど煮る。

❺残りのグラニュー糖とペクチンをよく混ぜ合わせてから鍋に入れ、素早くかき混ぜる。（ペクチンを単独で加えるとダマになるので注意）

❻木杓子で混ぜながら弱火でさらに3～5分間煮詰め、少し粘りが出てきたら火を止める。

❼きれいなタッパーなどに入れ、冷蔵庫で保存する。滅菌する場合は、洗浄したジャム瓶に詰め、ふたをゆるめた状態で蒸し器などで15分間滅菌し、熱いうちにふたを閉める。

メモ

この方法で、糖度45％前後のジャ

ムができます。ジャムづくりで大切なのは、火を止めるタイミングです。まだ少し粘りがゆるい程度で止めると、冷えたときにちょうどよい硬さになります。

一般にジャムをつくるときには、酸味料としてレモン果汁やクエン酸を加える場合が多いですが、キウイフルーツはもともとクエン酸やキナ酸などの有機酸を豊富に含むので、とくに添加する必要はありません。

手順①のいちょう切りにした状態で冷凍しておき、後日解凍してジャムをつくることも可能です。量が多くてすぐに加工できないときには、フリージングバッグなどに小分けにして冷凍保存しておきましょう。

ジャムを使ったロシアンクッキー

ロシアンクッキー

キウイフルーツジャムを使ってロシアンクッキーをつくります。

材料（約20枚分）

無塩バター120g、グラニュー糖80g、卵1個、牛乳大さじ1、薄力粉200g、ベーキングパウダー小さじ1、キウイフルーツジャム適量

準備

- 前記の方法でキウイフルーツジャムをつくり、室温以下に冷やしておく。ロシアンクッキー用には、果肉はいちょう切りではなく、フードプロセッサーで均一にして用いたほうがよい。
- 薄力粉とベーキングパウダーを合わせてふるっておく。
- バターを室温に戻しておく。

つくり方

❶バターを泡だて器で練り混ぜ、グラニュー糖を加えて白っぽくなるまですり混ぜる。

❷とき卵を少しずつ加えながら混ぜ、牛乳を加えて混ぜる。

❸ふるっておいた薄力粉とベーキングパウダーを加え、粉っぽさがなくなるまでゴムベラでさっくりと混ぜる。

❹星形の口金をつけた絞り出し袋に③の生地を入れる。

❺天板にオーブンシートを敷き、直径4~5㎝の円形にクッキー生地を絞り出す。それぞれの中央に適当量のキウイフルーツジャムをのせる。

❻⑤で絞り出した生地の上に、ジャムを囲む円を描くようにクッキー生地を絞り出す。

❼170℃に予熱したオーブンで約15分間焼き、その後160℃に下げて約10分間焼く。焼けたら網の上にのせて冷ます。

キウイフルーツ果汁で牛乳が固まる

メモ

体温でバターが溶けて生地がゆるくなるので、絞り出す工程は手早くおこないましょう。また、焼くとふくらむので間隔をあけて生地を絞り出すのがコツです。

チーズ

牛乳からチーズをつくるとき、ふつうは市販の凝乳酵素であるレンネットを使います。一般にはほとんど知られていませんが、キウイフルーツ果汁はこのレンネットのすぐれた代用品として使えます。キウイフルーツの果汁に含まれるアクチニジンが、凝乳酵素として働くからです。

ここでは、牛乳を固めてカード(酵素の作用を受けて、豆腐状に固まったもの)をつくるところを紹介しますので、スターターの使用法や各種のチーズの製造方法は、専門書をご参照願います。

材料(つくりやすい分量)

低温殺菌牛乳1ℓ、キウイフルーツ2個

つくり方

❶キウイフルーツの皮をむき、果肉をすり下ろすかフードプロセッサーで砕く。

❷①をガーゼで搾り、果汁を50㎖用意する。

❸低温殺菌牛乳1ℓを35℃で15分間保温したあと、②の果汁50㎖を加える。

❹③をスプーンなどで素早くかき混ぜてから静置し、35℃で保温を続ける。

❺5~10分間で全体が固まるが、

そのまま保温を続け、30分間静置する。

❻固まった牛乳（カード）を容器のなかでペティナイフなどを用いて2㎝角に切り、さらに35℃で保温を続ける。

❼容器をゆすって、分離してくる乳清（ホエー）をお玉などで除く。

❽35℃に保ったまま⑦の作業を繰り返し、カードから乳清を除く。

ドライキウイフルーツ

ほどよい甘さのドライキウイフルーツ

❾カードを取り出し一つにまとめて、各種チーズの製造に用いる。

メモ

サンゴールドやレインボーレッドなど、一部の黄肉種キウイフルーツはアクチニジン含量が少ないため、チーズづくりには適しません。

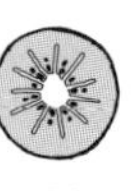

ドライキウイフルーツ

電子レンジなどで意外に簡単につくれるのがドライキウイフルーツ。無添加でほどよい甘さ。適度な噛みごたえのあるヘルシークッキーになります。

材料

キウイフルーツ（追熟後の果実）適量

つくり方

❶キウイフルーツのへたを取り除いて皮をむき、厚さ5㎜程度にスライスする。薄く切るほど、乾燥しやすく、甘みが凝縮する。

❷キッチンペーパーで表面の水気を取り除いたあと、熱乾燥させる。電子レンジを用いる場合500Wで約7分、オーブンの場合は100～110℃余熱なしで約1時間乾燥させる。このとき、途中で止めて一度ひっくり返すようにする。また、市販のドライフルーツメーカーを用い

ドライキウイフルーツ製品（コバヤシ）

るとよりうまく仕上がる。

❸熱乾燥後、風通しのよい場所で、干物ネットなどを用いてさらに半日程度天日干しする。

メモ

乾燥時間は、グミのようにセミドライが好きな方は短めに、しっかり乾燥させたい方は長めにし、調整します。

馥郁たる香りと味わいの果実酒

キウイフルーツ果実酒

果実酒は、簡単にできて長く楽しめるので、おすすめの加工品です。そのまま食べるにはまだ少し硬いくらいの、やや未熟な果実を使うのがコツです。

材料（つくりやすい分量）

キウイフルーツ（緑肉種あるいは黄肉種）４〜５個、氷砂糖１００〜１５０g、ホワイトリカー（アルコール分35％）１ℓ、レモン１個

つくり方

❶キウイフルーツの皮をむき、１〜１・５cm幅の輪切りにする。レモンは皮ごと、同様の輪切りにする。

❷①を清潔な広口瓶（密閉できるもの）に入れ、その上に氷砂糖をのせて、ホワイトリカーを加える。

❸瓶のふたをしめ、直射日光や高温を避け、室温で漬け込む。レモンは３〜４日で取り出す。

❹３か月ほどで熟成する。４〜５か月を目途に果実を引き上げる。布で濾して別の瓶に移し換えると、濁りが取れて見栄えがよい。

メモ

ふつうは室温でつくる果実酒を冷蔵庫内でつくると、ワンランク上の仕上がりになります。果実の芳香が保たれ、香り高い果実酒となり、色も薄く上品に仕上がります。ただし、熟成に少なくとも半年はかかりますので、気長に待ちましょう。

◆主な参考・引用文献

『牧野新日本植物圖鑑』牧野富太郎著　前川文夫・原寛・津山尚編（北隆館）
『キウイフルーツのつくり方』沢登晴雄著（農文協）
『キウイフルーツの作業便利帳』末澤克彦・福田哲生著（農文協）
『キウイフルーツ百科』丹原克則編著（愛媛県青果連）
『キウイフルーツの絵本』末澤克彦・福田哲生編（農文協）
『果樹栽培の基礎』杉浦明編著（農文協）
『家庭で楽しむ果樹づくり』大坪孝之著（家の光協会）
『図解 よくわかるブドウ栽培～品種・果房管理・整枝剪定～』小林和司著（創森社）
「農業技術大系 果樹編」第５巻 キウイフルーツ（農文協）
『図説 果物の大図鑑』日本果樹種苗協会ほか監修（マイナビ出版）
『フルーツ・カットテクニック』平野泰三著（講談社）

◆インフォメーション（本書内容関連）

キウイフルーツカントリー Japan　〒436-0012 静岡県掛川市上内田2040
TEL 0537-22-6543　FAX 0537-22-7498
＊日本で唯一のキウイフルーツ専門の大規模観光農園（3ha）

第一ビニール株式会社　〒919-0412 福井県坂井市春江町江留中37-10
TEL 0776-51-5551　FAX 0776-51-5553
＊果樹棚キット製作

株式会社アグリ　〒849-0917 佐賀市高木瀬町長瀬1225-4
TEL 0952-33-8307　FAX 0952-33-7694
＊輸入花粉、石松子、環状剥皮用はさみ取り扱い

白石カルシウム株式会社　〒530-0005 大阪市北区中之島2-2-7 中之島セントラルタワー 9階
TEL 06-6231-8260　FAX 06-6231-8302
＊エチレン発生剤甘熟パック製造販売

日本園芸農業協同組合連合会　〒143-0001 東京都大田区東海3-2-1
TEL 03-5492-5420　FAX 03-5492-5430
＊エチレン発生剤熟れごろ製造販売

有限会社コバヤシ　〒421-3303　静岡県富士市南松野1238-1
TEL 0545-85-2500
＊生食用果実生産販売、ドライキウイフルーツ、キウイフルーツワインなど製造販売

株式会社ミツワ　〒959-0112　新潟県燕市熊森1345
TEL 0256-98-6161　FAX 0256-98-6171
＊採葯器、開葯器、受粉機、石松子、梵天など製造販売

協和発酵バイオ株式会社　〒100-0004　東京都千代田区大手町1-9-2
TEL 03-5205-7300
＊植物調節剤フルメットなど農薬・医薬品を製造販売

株式会社国華園　〒594-1125　大阪府和泉市善正町10
TEL 0725-92-2737　　FAX 0725-92-1011

株式会社大和農園通信販売部　〒632-0077　奈良県天理市平等坊町110
TEL 0743-62-1185　　FAX 0743-62-4175

小坂調苗園　〒649-6112　和歌山県紀の川市桃山町調月888
TEL 0736-66-1221　　FAX 0736-66-2211

岡山農園　〒709-0441　岡山県和気郡和気町衣笠516
TEL 0869-93-0235　　FAX 0869-92-0554

有限会社和泉明治園　〒790-0863　愛媛県松山市此花町8-15
TEL 089-921-0077　　FAX 089-921-0098

有限会社坂本樹苗園　〒861-1203　熊本県菊池市泗町住吉724-4
TEL 0968-38-2528　　FAX 0968-38-5758

＊編集部による。時期によって扱っていない場合があります。このほかにも日本果樹種苗協会加入の苗木業者、およびJA（農協）、園芸店、種苗店、デパートやホームセンター、農産物直売所の園芸コーナーなどを含め、苗木の取扱先はあります。通信販売やインターネット販売でも入手可能です

◆キウイフルーツの苗木入手・問い合わせ先案内

一般社団法人 日本果樹種苗協会　〒104-0041　東京都中央区新富1-17-1 宮倉ビル4階
TEL 03-3523-1126　　FAX 03-3523-1168

株式会社原田種苗　〒038-1343　青森市浪岡大字郷山前字村元42-1
TEL 0172-62-3349　　FAX 0172-62-3127

株式会社天香園　〒999-3742　山形県東根市中島通り1-34
TEL 0237-48-1231　　FAX 0237-48-1170

株式会社イシドウ　〒994-0053　山形県天童市上荻野戸982-5
TEL 023-653-2502　　FAX 023-653-2478

株式会社福島天香園　〒960-2156　福島市荒井字上町裏2
TEL 024-593-2231　　FAX 024-593-2234

茨城農園　〒315-0077　茨城県かすみがうら市高倉1702
TEL 029-924-3939　　FAX 029-923-8395

株式会社改良園通信販売部　〒333-0832　埼玉県川口市神戸123
TEL 048-296-1174　　FAX 048-297-5515

株式会社オザキフラワーパーク　〒177-0045　東京都練馬区石神井台4-6-32
TEL 03-3929-0544　　FAX 03-3594-2874

サカタのタネ通信販売部　〒224-0041　神奈川県横浜市都筑区仲町台2-7-1
TEL 045-945-8824　　FAX 0120-39-8716

精農園　〒950-0207　新潟市江南区二本木2-4-1
TEL 025-381-2220　　FAX 025-382-4180

有限会社前島園芸　〒406-0821　山梨県笛吹市八代町北1454
TEL 055-265-2224　　FAX 055-265-4284

有限会社小町園　〒399-3802　長野県上伊那郡中川村片桐針ヶ平
TEL 0265-88-2628　　FAX 0265-88-3728

株式会社江間種苗園　〒434-0003　静岡県浜松市浜北区新原6591
TEL 053-586-2148　　FAX 053-586-2140

タキイ種苗通販係　〒600-8686　京都市下京区梅小路通猪熊東入
TEL 075-365-0140　　FAX 075-344-6707

北斗農園　〒623-0362　京都府綾部市物部町岸田20
TEL 0773-49-0032

上級品として人気の香緑

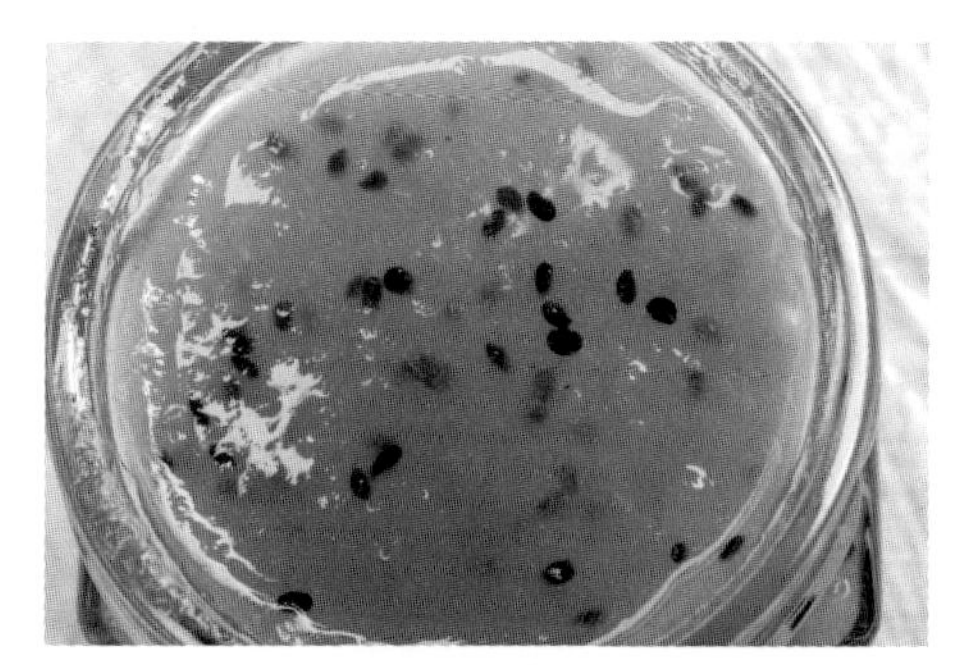

キウイフルーツの極上ジャム（ヘイワード）

●

デザイン——— ビレッジ・ハウス　塩原陽子
撮影——— 三宅 岳　村上 覚　ほか
イラスト——— 宍田利孝
取材・写真協力——— 静岡県農林技術研究所果樹研究センター
神奈川県農業技術センター足柄地区事務所研究課
福岡県農林業総合試験場果樹部
片岡郁雄（香川大学教授）　佐藤一男　佐藤太知
キウイフルーツカントリーJapan　㈲コバヤシ
㈱ミツワ　JA全農えひめ　第一ビニール㈱　ほか
校正——— 吉田 仁

著者プロフィール（執筆順）

●村上 覚（むらかみ さとる）

静岡県農林技術研究所果樹研究センター上席研究員。

1977年、愛知県生まれ。岐阜大学大学院連合農学研究科修士課程修了後、静岡県農業試験場南伊豆分場、静岡県庁みかん園芸課を経て現職。これまでに南伊豆地域のサクラの産業利用に関する研究のほか、キウイフルーツなど落葉果樹の栽培、育種、果実の加工利用などの研究に携わる。博士（農学）。2011年、園芸学会園芸功労賞（共同）、2016年、全国農業試験場所長会研究功労者表彰。

●末澤克彦（すえざわ かつひこ）

Orchard & Technology ㈱ 代表取締役。

1956年、香川県生まれ。香川大学農学部卒業。香川県農業試験場府中分場、高松農業改良普及センター、香川県農業経営課を経て香川県農業試験場府中果樹研究所所長を務め、2017年３月に定年退職。同年４月より現職。現役時代から、キウイフルーツの品種開発や栽培技術開発の研究にかかわり、果樹栽培の研究を続ける。園芸学会会員。

主な著書に『最新果樹園芸ハンドブック』共同執筆（朝倉書店）、『キウイフルーツの作業便利帳』共著（農文協）など。

●西山一朗（にしやま いちろう）

駒沢女子大学人間健康学部学部長・教授。

1959年、富山県生まれ。名古屋大学大学院理学研究科博士課程（後期）修了後、帝京大学医学部を経て現職。理学博士。主にキウイフルーツやサルナシなどマタタビ属果樹の果実成分に関する研究に携わる。

主な著作にAdvances in Food and Nutrition Research 52巻293-324頁（2007年）の「Fruits of the *Actinidia* Genus」。

育(そだ)てて楽(たの)しむキウイフルーツ　栽培(さいばい)・利用加工(りようかこう)

2018年４月13日　第１刷発行
2021年12月１日　第２刷発行

著　　者——村上 覚(むらかみ さとる)　末澤克彦(すえざわかつひこ)　西山一朗(にしやまいちろう)

発 行 者——相場博也

発 行 所——株式会社 創森社

〒162-0805 東京都新宿区矢来町96-4

TEL 03-5228-2270　FAX 03-5228-2410

http://www.soshinsha-pub.com

振替00160-7-770406

組　　版——有限会社 天龍社

印刷製本——中央精版印刷株式会社

2018 Printed in Japan ISBN978－4－88340－324－0 C0061